THE *BOTANICAL* CITY
식물의 도시

Botanical City by Hélèna Dove and Harry Adès.
First edition, published 2020 by
Hoxton Mini Press in collaboration with the Royal Botanic Gardens, Kew

Reproduced from Flora Londinensis: or plates and descriptions of such plants as grow wild
in the environs of London, etc. by William Curtis, London, 1775~1798
Written by Helena Dove and Harry Ades
Book and cover design by Daniele Roa
Copy-editing by Faith McAllister
Production by Anna De Pascale
Illustration retouching by Becca Jones

This edition first published in Korea in 2023 TouchArt Publishing Co., Ltd.

일러두기

식물명은 〈국가표준식물목록〉과 〈국가표준재배식물목록〉에 등재된 이름을 우선으로 참고했으며,
목록에 등재되지 않은 것은 라틴어 학명에 대한 고전 발음을 기준으로 표기했습니다.

THE

BOTANICAL

CITY

식물의 도시

글_헬레나 도브, 해리 아데스

그림_《런던 식물상》에서 발췌

옮긴이_박원순

터치아트

윌리엄 커티스William Curtis, 1746~1799

윌리엄 커티스와 《런던 식물상》

이 책을 펴낼 수 있었던 것은 순전히 식물학자 윌리엄 커티스William Curtis, 1746~1799와 그의 걸작《런던 식물상*Flora Londinensis*》덕분이다. 커티스는 성인이 된 이후 생애 대부분을 당시 가장 영향력 있고 아름다운 식물학 연구서를 완성하는 데 바쳤고, 그 과정에서 거의 파산 지경에 이르기까지 했다.

1775년부터 1798년까지 연속적으로 출판된 이 책은 런던을 중심으로 10마일약 16km 이내 지역에서 발견한 430여 종의 식물들을 자세히 묘사하고 있다. 시드넘 에드워즈Sydenham Edwards, 제임스 소워비James Sowerby, 윌리엄 킬번William Kilburn 등 당대 최고의 식물 세밀화가들이 수작업으로 각 식물의 채색 동판 삽화를 매우 아름답게 그려냈다.

커티스는 그 프로젝트에 마음을 온통 빼앗길 정도로 너무나 집착한 나머지 첼시 피직 가든Chelsea Physic Garden의 디렉터 자리를 사임하기까지 했다. 그의 책에 기재되었던 수백 명의 후원자이 책의 끝에 수록된 후원자 명단 참조로부터 재정적 지원을 받았는데도 파산 위기에 처했다가 부유한 후원자의 도움으로 가까스로 파산을 면했다.

어쨌거나 커티스는《런던 식물상》을 300부 이상 팔지 못했다. 운 좋게도 그 중 2부를 큐 왕립 식물원 도서관에서 소장하고 있다. 이 책은 그에게 많은 찬사를 안겨주었지만, 그의 표현을 빌리자면 '푸딩' 같은 달콤한 보상은 없었다.

이후 그는 식물학과 가드닝을 결합한 정기 간행물 시장에서 틈새를 발견하고, 1787년 〈식물학 잡지*The Botanical Magazine*〉를 창간했다. 그는 다시 한번 예술적으로 뛰어난 삽화를 고집했는데, 이번에는 순식간에 상업적인 성공을 이루었다. 지금도 여전히 큐 왕립 식물원에서 발간하는 〈커티스의 식물학 잡지*Curtis's Botanical Magazine*〉는 전 세계에서 가장 오랫동안 식물 세밀화와 함께 출판되어온 식물학 정기 간행물이다.

차례

— EAT —

영양가 높은 식물

— MAKE —

수공예를 위한 식물

— GROW —

기르기 좋은 식물

— KILL —

독을 품은 식물

— HEAL —

치유의 식물

들어가는 말

도시는 식물을 가까이하고 싶은 사람들이 맨 먼저 찾는 곳은 아니다. 아마도 마지막 선택지일 것이다. 콘크리트로 대변되는 도시는 시골의 흙이나 자연과는 정반대 쪽 끝자락에 있다. 아니, 그런 것처럼 보인다.

하지만 영국의 위대한 식물학자 윌리엄 커티스가 이미 알고 있었듯, 이것은 한낱 오해에 불과하다. 도시가 불모지라는 생각은 순전히 착각이다. 1775년, 커티스는 런던에서 10마일 이내에 자라는 식물들에 대한 정보를 담은 포괄적인 안내서《런던 식물상》첫 권을 펴냈는데, 여기에 당대 가장 뛰어난 자연주의 화가들이 그린 삽화도 함께 수록하기 시작했다. 그가 세상을 떠나기 1년 전인 1798년에《런던 식물상》마지막 권을 출간할 때까지, 커티스는 430종 이상의 런던 식물들에 관한 정보를 유례없이 상세히 묘사했고, 런던 시민들의 집 앞에 놀랍도록 다양한 식물이 자라고 있음을 보여주었다.

커티스가 남긴 그 획기적인 책은 큐 왕립 식물원과 혹스턴 미니 출판사 Hoxton Mini Press의 협업으로 탄생한 이 책《식물의 도시》의 토대가 되었다. 이 책은《런던 식물상》에서도 특히 아름다운 도판들을 선정하여 재현하고, 커티스의 통찰력을 엿볼 수 있는 내용을 함께 실었다. 또한 런던뿐 아니라 전 세계 여러 온대 도시의 도로변과 길가에서 발견할 수 있는 흥미롭고 아름다우며 유용하고 특출난 식물들을 살펴보고 그 가치를 기린다.

커티스 사후 220년 이상 이루어진 식물학 연구 덕택에 우리는 최신 정보뿐 아니라 오랫동안 잊혔던 풍속과 약초학의 전통도 알 수 있게 되었다.《식물의 도시》는 우리가 옛사람들의 지혜를 배워 식물이 가진 치유력의 덕을 보고, 영양가 높은 조리법으로 새로운 맛을 즐기며, 식물 섬유로 바구니를 만들고, 치명적인 독성 식물들을 피하며, 그저 당연하게만 여겼던 식물의 본질적인 아름다움을 재발견할 수 있게 해준다.

과거의 위대한 식물학 책은 크게 두 부류로 나뉘곤 했는데, 특정 지역 식물들의 생물학에 관심을 두는 '식물상'과 식물의 용도에 초점을 맞춘 '약초학'이었다. 커티스의 《런던 식물상》은 고전적인 식물학책이지만, 표준적인 전문서보다 훨씬 폭넓은 시각으로 접근해 학생과 식물학자를 넘어 더 많은 독자에게 다가가고자 했다. 커티스는 각 식물의 서식지에 관한 식물학적 설명에 약제사로서 알고 있던 약초학 지식을 접목했다. 그뿐 아니라 식물을 이용한 민간 전승 역사에 관해 다른 식물학자들이 관찰했던 내용 중 유용한 결과들을 모아 정리했다. 그는 이 책이 '의학, 농업 분야의 연구와 발전'을 위한 토대가 되기를 바랐다.

또 커티스는 자신의 책이 '대중에게 유용할 뿐 아니라 유익하고 재미있는' 매력적인 교양서가 되기를 원했다. 그의 목표가 지금보다 더 시의적절했던 때는 없었다. 이것이 바로 《식물의 도시》를 끌어낸 원동력이다. 수백만 명을 도시로 불러들이는 에너지는 주변을 살필 겨를도 없이 매사 서두르도록 부추기는 경향이 있다. 우리는 아수라장 같은 소음과 분주함을 고요하고 차분하게 가라앉혀주는 수많은 식물과 함께 살고 있다는 사실을 쉽게 잊는다. 야생화라고 부르든 잡초라고 부르든, 하나하나의 식물은 지금 이 순간에도 저마다 하고 싶은 특별한 말을 품고 있다. 그 식물들의 이야기가 궁금한 사람들에게, 이 책은 속도를 늦추고 잠시 멈춰 우리 곁에 그동안 쭉 살아온 그들의 진짜 모습을 볼 수 있게 해준다.

이 책에 소개한 식물들은 활용 방법에 따라 영양가 높은 식물, 수공예를 위한 식물, 기르기 좋은 식물, 독을 품은 식물, 치유의 식물로 구분해 독자들이 쉽게 참조할 수 있도록 했다. 그러나 이 분류는 어디까지나 임의로 나눈 것이어서 다수의 식물이 여러 범주에 속할 수 있고, 그중 일부는 모두에 속할 수도 있다. 수확을 위해서든 감상을 위해서든, 마음만 먹으면 이 식물들을 재배할 수 있다. 그 식물이 어떤 종인지 확실히 알고 재배하려면 직접 씨앗을 심어 기르거나 믿을 만한 농장에서 모종을 구매하면 도움이 된다. 식용 혹은 약용으로 식물을 이용할 계획이라면 이 점이 특히 중요하다. 어떤 경우든 항상 신중하고 조심스러워야 하기 때문이다.

만약 커티스가 오늘날 우리와 함께 있다면, 그는 분명 런던의 식물들이 예나 지금이나 똑같다는 사실에 기뻐했을 것이다. 주변의 모든 것이 알아볼 수 없을 정도로 변하는 동안 식물들은 놀라운 복원력으로 끊임없이 자라고 씨를 퍼트리며 싹을 틔워왔다. 자연은 도시의 관문에서 발길을 멈추지 않는다. 자연은 도시만이 내줄 수 있는 아주 작고 특이한 서식지에서 도움을 얻어 길을

헤쳐 나간다. 달궈진 콘크리트와 아스팔트의 열기에 의해 생겨난 다양한 미기후지면에 접한 대기층의 기후. 보통 지면에서 1.5m 높이 정도까지를 그 대상으로 하며, 농작물의 생장과 밀접한 관계가 있다, 우뚝 솟은 고층 빌딩의 바람과 깊은 그늘, 자동차가 빈번히 다니는 도로변의 먼지, 초기 산업 사회의 운하와 수로, 후기 산업 사회의 황무지는 다양한 식물들이 번성할 수 있는 변화무쌍한 환경을 제공한다.

어느 도시에나 공원과 녹지 공간이 상당 부분을 차지하고 있으며, 그 가운데는 런던의 큐 왕립 식물원처럼 약초원을 갖춘 규모가 큰 식물원도 있다. 영국은 정원만 해도 런던 면적의 4분의 1을 차지한다. 도시는 식물의 용도나 아름다움에 따라, 빛을 좋아하는지 혹은 그늘을 좋아하는지에 따라, 서로 다른 흙에 따라, 지피식물 혹은 키 큰 식물이 필요해서, 겨울 꽃 또는 가을 열매를 얻기 위해서 인간이 선택한 식물들로 가득하다. 그래서 시골의 들판과 목초지에서는 볼 수 없는 전 세계 꽃들을 도시에서 만날 수 있다. 또한 집약적 농업이 이루어지는 곳에 사는 식물과 야생동물은 스트레스를 많이 받는다. 그래서 많은 종이 제초제와 농약을 피해 도시에서 피난처를 찾는 전략을 택하기도 한다. 그런 식물들은 그냥 방치된 채 도시에서 살아간다. 만약 잡초가 자생지에서 떠나온 식물을 뜻한다면, 도시의 거리에 자라는 식물들은 거의 다 잡초인 셈이다.

도시 식물상이 그렇게 다양하고 많은 기능을 지녔다는 것은 식물의 삶이 인류에게 굉장히 중요하다는 뜻이다. 매일같이 인공 환경에서 오염 물질을 흡수하고 산소를 내주면서 천연 에어컨처럼 도시 열섬 현상을 조절해주는 고마움은 차치하고라도, 식물은 눈에 보이지 않는 혜택을 주면서 지구상 모든 생명체를 지탱하고 있다.

우리가 식물을 기르고 수확하고 사용하고 즐기는 동안 전체 생태계 역시 식물에 의존하고 있음을 기억하자. 도시에서도 식물은 제각기 수많은 새와 무척추동물을 먹여 살린다. 사람들이 이미 소중하게 여기고 있는 벌과 나비뿐 아니라 민달팽이와 달팽이, 포장도로 아래 숨겨진 세계에 사는 벌레와 쥐며느리도 모두 먹이사슬의 중요한 연결고리다.

탐험하고 관찰하고 그 가치를 높이 사되, 야생화는 그대로 두자. 식물이 순전히 우리의 이익을 위해 존재한다고 생각한 것은 인류의 가장 큰 실수다. 알고 보면 우리는 식물 덕분에 이곳에 존재한다.

이 책의 사용법

이 책에 소개한 식물들은 런던에서 200년도 더 전부터 기록해온 것이지만 북반구 온대 지역 거의 모든 도시에서 지금도 볼 수 있다. 열대 지방과 북극권 사이에 넓게 자리한 이 지역은 사계절이 있으며, 겨울은 혹독하게 춥지 않고 여름은 못 견딜 만큼 덥지 않다.

몇몇 식물은 다른 것들보다 발견하기 쉬워서 식물 채집꾼의 재미를 알게 해준다. 식물과 만나다 보면 우리 생각보다 도시가 훨씬 더 푸르다는 것을 알게 된다. 도시는 콘크리트와 아스팔트로 덮여 있으면서도 곳곳에 공원, 정원, 숲, 습지, 강, 들판을 품고 있다. 지상과 지하에 사는 모든 야생식물은 거대한 자연의 일부다. 그러므로 야생화를 뿌리째 뽑지 말아야 하며 법이 허용하는 선에서만 적당히 채취해야 한다.

야생식물은 함부로 먹어서는 안 된다. 심지어 만지기만 해도 위험할 수 있다. 이 책은 도시 잡초와 야생화의 가치를 이야기하지만, 의학적 안내서나 요리책, 도감은 아니다. 아무쪼록 직접 식물을 길러보길 권하며, 어떤 목적으로든 야생식물을 이용하기 전에는 전문가의 조언을 구하길 당부한다.

식물 해부학의 기초

꽃 | 꽃은 번식하기 위해 씨앗을 만든다. 그러자면 먼저 꽃가루받이가 이루어져야 한다. 곤충이나 새, 포유류 또는 바람이 꽃가루를 옮겨주며, 스스로 꽃가루받이를 하는 식물도 있다. 같은 꽃이나 다른 꽃에 있는 수술의 꽃가루 알갱이가 암술 안으로 들어가 수정된다.

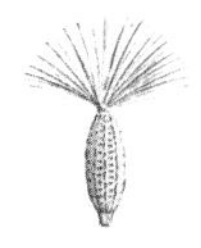

씨앗 | 꽃가루받이가 이루어진 꽃에서 씨앗이 만들어진다. 보통 열매 안에 안전하게 있다가 그 식물의 다음 세대가 된다. 씨앗은 바람, 곤충, 동물에 의해 퍼질 수도 있고, 그냥 땅으로 떨어질 수도 있다. 적절한 조건에서 싹을 틔워 새로운 개체로 자란다.

열매 | 꽃이 피는 식물은 대부분 씨앗이 든 열매를 맺는다. 열매는 대개 달콤하고 즙이 있어 새를 비롯한 동물들이 먹고 씨앗을 퍼뜨린다.

잎 | 잎은 광합성을 해서 식물이 자라는 데 필요한 양분을 생산한다. 잎으로 흡수한 햇빛이 물과 이산화탄소를 당으로 바꾼다.

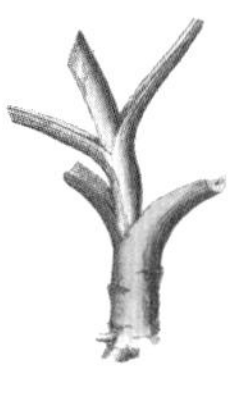

줄기 | 줄기는 보통 땅 위에서 식물의 다른 부분과 뿌리를 연결한다. 잎과 꽃눈을 달고 식물의 구조를 형성하며, 줄기 속 관다발을 통해 뿌리에서 잎과 꽃으로 양분과 수분이 이동한다.

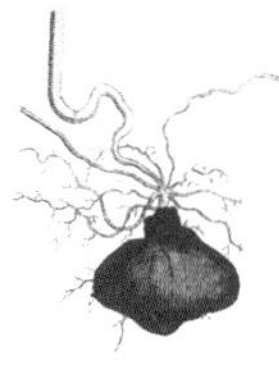

덩이줄기, 덩이뿌리 | 주로 전분을 저장하기 위해 부풀어 오른 변형된 줄기와 뿌리를 말한다. 식물은 필요할 때 이 전분을 당으로 바꾼다.

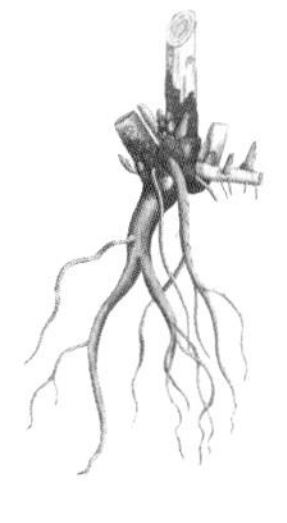

뿌리 | 뿌리는 보통 식물을 땅에 고정하는 역할을 하고, 토양으로부터 물과 양분을 흡수한다.

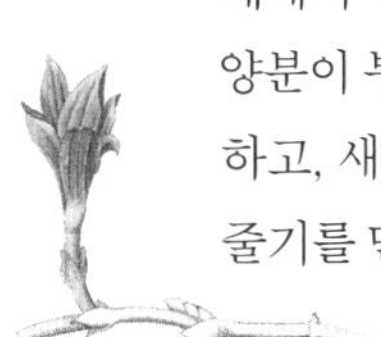

뿌리줄기 | 뿌리줄기는 지면 위 혹은 아래에서 수평으로 자라는 특화된 줄기다. 양분이 부족할 때를 대비해 양분을 저장하고, 새로운 식물 개체를 위해 뿌리와 줄기를 만들어낸다.

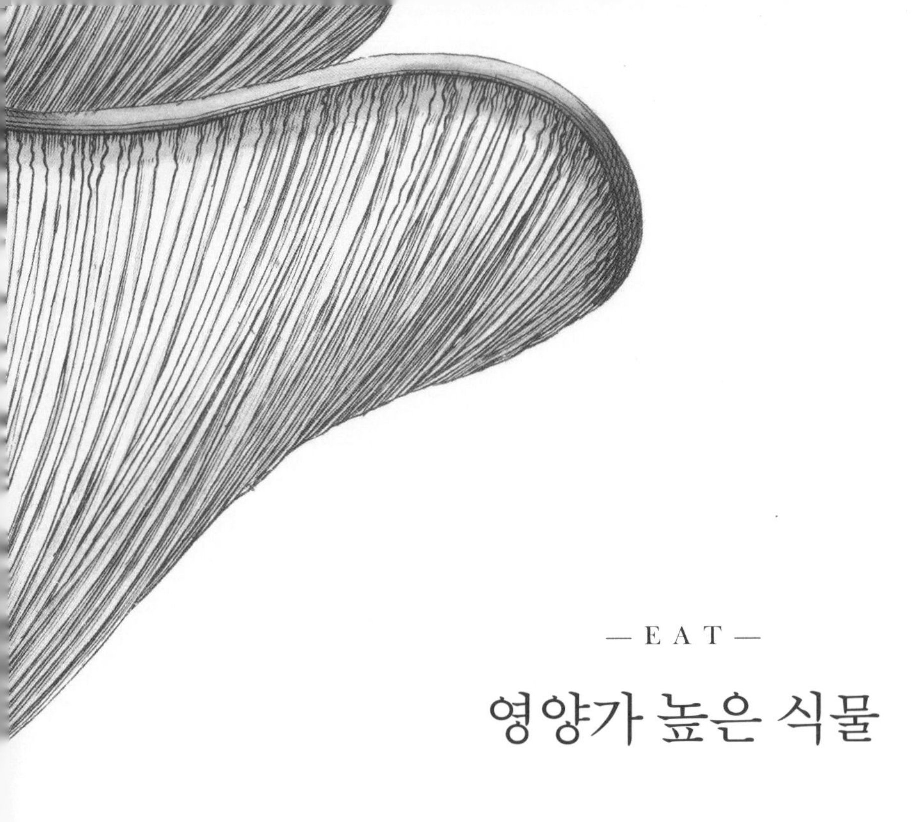

— EAT —

영양가 높은 식물

언제나 제철에 나는 식물들과 버섯류는

신선하고, 공짜이며, 자연의 상품 진열대에서

가장 맛있고 영양가 높은 것들이다.

다른 어떤 음식보다도 탄소 발자국을 적게 남긴다.

DANDELION

서양민들레

Taraxacum officinale

노란 꽃이 햇살처럼 환한 서양민들레만큼 도시 풍경에 활기를 더하는 식물도 없다. 소박한 서양민들레는 지천으로 널려 있을 뿐 아니라 곧은뿌리부터 식물체의 끝부분까지 식용할 수 있다. 꽃은 와인, 맥주, 청량음료에 쓰이고, 뿌리는 볶아서 가루를 낸 후 커피처럼 내려 마실 수 있다. 잎과 줄기에는 비타민과 미네랄이 풍부하다. 아이들이 좋아하는 일회용 시계인 동그란 씨앗 뭉치에 바람을 불면 씨앗들이 멀리 날아가는데, 민들레가 여기저기 많이 자랄 수 있는 비결이다.

해부학 노트

꽃 | 꽃잎이 빼곡히 모여 꽃 한 송이를 이룬 것처럼 보이지만, 사실은 각각 독립적인 하나의 꽃으로 기능하는 수백 개의 낱꽃이 모인 꽃 뭉치다. 차와 음료, 피부 보호제, 비누, 시럽, 젤리를 만드는 데 사용한다.

씨앗 | 회색 수염처럼 보이는 갓털은 바람을 타고 멀리까지 여행하기에 가장 좋은 조건일 때 열린다. 갓털을 뜻하는 영어 'pappus'는 할아버지를 뜻하는 그리스어에서 유래했다.

잎 | 사자 이빨처럼 들쭉날쭉한 잎은 기름에 살짝 볶거나, 삶거나, 생으로 먹을 수 있다. 비타민 A · C · K, 철분, 포타슘칼륨, 망가니즈망간, 칼슘이 풍부하다. 2주 정도 그늘에 말려 살짝 데치면 당도가 올라가고 좀 더 부드러워진다.

줄기 | 줄기를 꺾으면 흘러나오는 흰 점액은 고무 제품을 만드는 라텍스 성분인데, 자동차 타이어에도 쓰일 수 있다.

뿌리 | 약용으로는 가을철이 가장 좋고, 식용은 과당 함량이 높은 봄에 수확한다. 작게 잘라 자연 건조한 후 차, 팅크*, 커피 대용으로 사용한다. 뿌리가 이뇨제로 쓰이는 바람에 서양민들레의 별명이 오줌싸개piss-a-bed가 되었다.

기본 정보

별칭 | 블로우볼(blowball), 피스어베드(piss-a-bed)

과명 | 국화과(Asteraceae)

도시 서식지 | 잔디밭이나 개간지 등 인위적으로 훼손된 땅에 널리 퍼진다.

높이 | 35cm

개화기 | 5월~10월

용도 | 식용, 이뇨제, 고무

재배 | 봄에 씨를 뿌린다.

수확 | 여름에 꽃을, 이른 봄에 잎을, 봄이나 가을에 뿌리를 채취한다.

식물학자의 레시피

샐러드 | 서양민들레 잎 350g을 씻어 말린다. 달걀 5개를 삶는 동안 얇게 저민 훈제 베이컨 5조각을 작게 썰어 뜨거운 팬에 굽는다. 여기에 말려둔 서양민들레 잎을 넣는다. 사과식초 5큰술을 팬에 두르고 나무 주걱으로 베이컨 육즙과 잘 섞으면서 불을 약간 줄인다. 삶은 달걀의 껍데기를 벗긴 후 썰어 샐러드에 넣고, 발사믹 글레이즈를 뿌린다. 신선한 후추를 살짝 뿌리고 레드 와인 한 잔을 곁들이면 좋다.

*동물이나 식물에서 얻은 약물을 알코올에 담가 만든 물약

Taraxacum officinale

LADY'S SMOCK

꽃냉이

Cardamine pratensis

잔디가 보기 좋게 무성해지고 뻐꾸기 울음소리가 처음 들려올 무렵, 연보라색 잎맥을 가진 꽃냉이가 우아하게 꽃을 피운다. 이즈음이면 봄이 한창 무르익었을 때다. 꽃냉이가 모습을 드러내는 시기는 봄에 뻐꾸기가 아프리카에서 날아오는 시기와 거의 일치한다. 그래서 뻐꾸기 꽃cuckoo flower이라는 별명을 얻었다. 초원의 매력적인 야생화이자 우리 식탁에도 올릴 수 있는 꽃냉이는 새싹과 잎, 꽃을 먹을 수 있다. 매콤한 겨자 맛이 나는데, 성숙한 식물일수록 맛이 더 강하다. 어린잎은 샐러드에 넣어 먹는다. 순한 맛이 나는 꽃은 소박한 봄철 밥상을 아름답게 장식해준다.

해부학 노트

잎 | 비타민 C가 풍부하고 영양가가 높을 뿐 아니라 습진과 관절염에도 좋다고 알려져 있다. 먹을 수 있고, 차로 마실 수도 있다. 축축한 땅에 잎이 닿으면 스스로 뿌리를 내려 새로운 개체를 형성한다.

꽃 | 꽃냉이는 유럽갈고리나비의 주요 먹이식물 중 하나다. 그래서 이 나비의 학명이 안토카리스 카르다미네스 *Anthocharis cardamines*가 되었다. 유럽갈고리나비는 꽃냉이의 꽃을 가장 좋아하지만 잎과 줄기, 씨앗도 먹는다. 민간전승에 따르면 살무사 역시 꽃냉이를 좋아하기 때문에 이 꽃을 꺾어 집 안에 들이면 안 좋은 일이 생긴다고 한다. 분명 1년 안에 뱀에 물릴 것이다!

식물학자의 레시피

수프 | 쌀쌀한 봄날, 몸을 따뜻하게 해주는 쌉싸래한 수프를 만들어보자. 꽃냉이 외에 껍질을 벗겨 썬 양파 2개, 감자 2개, 마늘 2쪽이 필요하다. 팬에 양파를 넣고 부드러워질 때까지 볶다가 마늘과 감자를 넣는다. 채소 국물 400mL를 붓고 감자가 잘 익을 때까지 끓인다. 꽃냉이 잎 세 움큼을 씻어 잘게 썰어 넣고 3분 정도 더 익힌다. 부드러워질 때까지 잘 섞은 뒤 간을 맞춘다. 크렘 프레슈crème fraîche, 생크림를 얹고 꽃을 흩뿌린 다음 따뜻한 빵 한 조각과 함께 낸다.

기본 정보

별칭 | 쿠쿠 플라워(cuckoo flower)
과명 | 십자화과(Brassicaceae)
도시 서식지 | 물가, 축축한 초지대
높이 | 40cm
개화기 | 4월~6월
용도 | 식용, 관상용
재배 | 봄에 씨를 뿌린다.
수확 | 이른 봄에 잎과 새싹을 채취하고 봄에 꽃을 딴다.

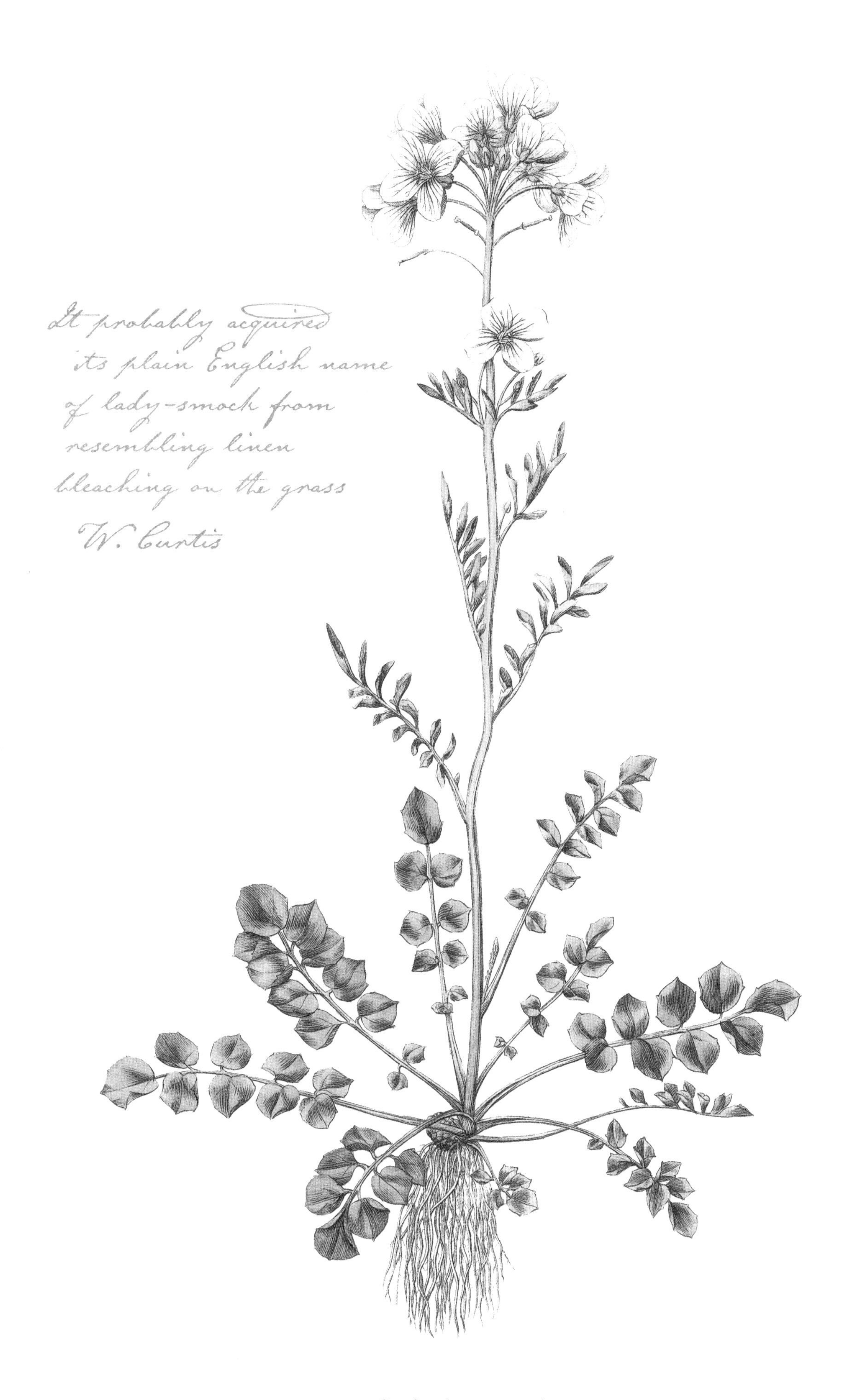

Cardamine pratensis

WHITE DEADNETTLE

광대수염

Lamium album

광대수염은 대단한 흉내쟁이다. 자신을 방어할 무기가 거의 없다 보니 주변에서 가장 강한 보디가드 역할을 하는 쐐기풀을 흉내 낸다. 꽃이 피기 전에는 정체를 알기 어려워 감히 이 식물의 잎에 손을 대려면 용감하거나 관찰력이 뛰어나야 한다. 어쨌든 용기를 내면 보상을 받는다. 광대수염의 부드러운 어린잎과 줄기 윗부분은 먹을 수 있는데, 비타민특히 비타민 A과 미네랄이 풍부하다. 데친 꽃은 아주 예쁜 가니시장식용 식재료로 활용하거나 원기 회복을 위한 차 한 잔에 곁들이면 좋다.

해부학 노트

잎 | 샐러드와 오믈렛에 넣으면 좋고, 기침과 인후통을 완화하는 약차로 즐길 수 있다. 항염증 효능도 있다. 광대수염 잎에 풍부한 녹색 색소는 러시아계 이탈리아인 식물학자 미하일 츠베트 Mikhail Tsvet가 혼합물을 분리하는 기술인 크로마토그래피를 발명하게 된 선구적인 실험에 큰 도움이 되었다.

꽃 | 광대수염의 꽃은 위장술을 펼친다. 중심점에서 방사상으로 돌려나는 것처럼 보이는 꽃은 거짓 윤산꽃차례로, 실제로는 잎겨드랑이에서 두 개의 취산꽃차례가 마주나며 달린 것이다. 꽃의 아랫부분은 세로로 홈이 나 있으며, 가늘고 하얀 목구멍처럼 생겼다. 그래서 목구멍을 뜻하는 그리스어 라모스lamos에서 속명인 라미움*Lamium*이 유래했고, 종명인 알붐*album*은 라틴어로 하얀색을 뜻한다. 꽃 하나하나는 꿀과 꽃가루로 채워져 있어서 호박벌처럼 기다란 혀를 가진 곤충들이 몰려든다.

기본 정보

별칭 | 화이트 아크에인절 (white archangel)
과명 | 꿀풀과(Lamiaceae)
도시 서식지 | 길가와 황무지, 종종 쐐기풀 근처
높이 | 50cm
개화기 | 5월~12월
용도 | 잎과 꽃을 식용한다.
재배 | 봄에 씨를 뿌린다.
수확 | 늦봄에 잎을 따고 여름에 꽃을 딴다.
참고 | 우리나라 자생식물인 광대수염(*Lamium album* subsp. *barbatum*)의 원종이다.

식물학자의 레시피

샐러드 | 광대수염 잎은 그 자체로 훌륭한 샐러드가 된다. 여기에 민들레, 와일드로켓야생 루콜라, 괭이밥 등 야생 풀들을 드문드문 섞으면 더 만족스럽다. 올리브, 회향 씨앗, 토마토, 오이뿐 아니라 한련, 금잔화, 보리지 꽃을 넣어 더 풍성하게 만들 수도 있다. 드레싱은 올리브유와 레몬즙같이 아주 가벼운 것이 좋다. 추가로 느릅터리풀 샴페인58쪽 참조을 한 잔 곁들이면 어떨까?

Lamium album

PEPPERWORT

들다닥냉이

Lepidium campestre

들다닥냉이의 맛은 보잘것없는 겉모습을 상쇄하고도 남는다. 페퍼워트pepperwort라는 영어 이름에서 알 수 있듯 후추 맛이 난다. 잎과 새싹은 시금치와 미나리를 대신해서 요리에 생기를 불어넣는다. 잘 말린 씨앗은 통후추처럼 갈아서 쓸 수도 있다. 들다닥냉이가 보여주는 불굴의 강인함은 특별히 찬사받을 만하다. 거의 모든 곳에서 자랄 수 있기 때문이다. 깨진 콘크리트 판석 사이 또는 벽돌 담의 길게 갈라진 틈새에서 빳빳한 줄기 끝에 하얀 첨탑 같은 꽃차례를 올리고 무리 지어 자라는 모습은 흡사 도시 스카이라인의 축소판 같다.

해부학 노트

잎 | 비타민 A와 C가 풍부해서 영양가가 매우 높다. 전통 약초학에서 위통, 피부 질환, 부정맥 치료에 사용했다.

씨앗 | 씨앗에서는 기계와 자동차에 사용할 정도로 많은 양의 기름을 얻을 수 있다. 빨리 자라고 수확량도 많아 농부들은 다른 작물들의 수확 철 사이에 들다닥냉이를 재배한다. 보통 종자유 생산성이 그리 높지 않은 추운 기후에서도 재배할 수 있다.

씨 꼬투리 | 씨앗들이 가득 찬 씨 꼬투리는 생으로 먹을 수 있다. 여름날 청량음료와 함께 즐길 수 있는 쌉싸래하고 바삭바삭한 간식이다.

식물학자의 레시피

머핀 | 활력을 주는 아침 머핀으로 기분 좋게 하루를 시작해보자. 달걀 2개를 풀어 휘저은 다음 우유 150mL와 녹인 버터 75g을 넣고 젓는다. 잘 숙성된 체더치즈 가루 150g, 깨끗이 씻은 들다닥냉이 잎 75g, 베이킹파우더가 든 밀가루 250g을 섞어준다. 소금과 후추로 간을 하고 고형 야채수프 반 조각을 부숴 넣은 다음 기름을 두른 머핀 팬에 붓는다. 12구짜리면 충분하다. 예열된 오븐에 넣고 180℃에서 20~25분 정도 굽는다.

기본 정보

별칭 | 바스타드 크레스(bastard cress)
과명 | 십자화과(Brassicaceae)
도시 서식지 | 보도블록의 갈라진 틈새, 훼손지
높이 | 40cm
개화기 | 5월~8월
용도 | 잎, 새순, 씨앗을 식용
재배 | 봄에 씨를 뿌린다.
수확 | 봄에 잎을 따고 가을에 씨앗을 채종한다.

Lepidium campestre

PARASOL MUSHROOM

큰갓버섯

Macrolepiota procera

땅속 요정을 위한 파라솔로 제격인 이 거대한 버섯은 요정 친구 한둘, 아니 그 이상이 와도 될 정도로 넉넉한 그늘을 드리운다. 굉장히 맛있는 데다가 정찬용 접시를 한가득 채우고도 남을 만큼 크게 자란다. 버터를 듬뿍 넣고 마늘과 함께 볶든, 슈니첼처럼 빵가루를 입히든, 또는 완전히 슬로바키아식으로 베이컨과 함께 구워 스크램블드에그와 함께 아침 식사로 즐기든, 근사한 식탁이 기다린다. 땅속 요정들이 먼저 따 가지 않는 한 큰갓버섯은 집 근처 길가 변두리에 숨어 무성하게 자란다.

해부학 노트

갓 | 갓은 둥글납작한 모양으로 자라기 시작해 지름 30~40cm까지 커진다. 갓이 커지면서 표피가 갈라져 잔물결 무늬가 나타난다. 갓은 큰갓버섯에서 유일하게 먹을 수 있는 부분이다. 늘 그렇듯 균류는 먹을 수 있는지 반드시 확인해야 한다.

균사체 | 균류의 뿌리와도 같은 균사체는 토양에서 양분과 수분을 빨아들인다. 균사체는 개미와 상호 유익한 공생관계를 형성해, 곤충들이 집을 튼튼하게 짓는 데 필요한 물질을 제공한다. 그 대가로 곤충들은 균사체를 널리 퍼뜨려 새로운 버섯 군집이 생겨나게 한다.

자루 | 자루대는 속이 비어 있고 섬유질이 많아서 식재료로 좋지 않다. 표면은 뱀 가죽처럼 약간의 비늘로 덮여 있다. 이 때문에 큰갓버섯을 뱀의 모자snake's hat라고도 부른다.

기본 정보

별칭 | 뱀의 모자(snake's hat), 키다리 버섯(tall mushroom)

과명 | 주름버섯과(Agaricaceae)

도시 서식지 | 그늘진 숲, 길가, 잔디밭, 풀밭 가장자리

높이 | 40cm

용도 | 식용

재배 | 직접 재배하려면 종균을 구매한다.

수확 | 7월~11월

식물학자의 레시피

슬로바키아식 아침 식사 | 큰갓버섯의 윗부분을 씻어서 물기를 말린다. 크기가 작은 버섯 갓에는 베이컨을 아코디언처럼 접어서 채운 후 소금과 후추로 간한다. 파프리카 가루와 올리브유를 뿌리고 오븐에 넣어 200℃에어프라이어에서는 180℃에서 20분간 굽는데, 도중에 한 번 뒤집어준다. 큰 버섯은 채를 썬다. 베이컨과 양파를 잘게 썰어 5분간 볶은 다음, 채 썬 버섯과 캐러웨이 씨앗을 넣는다. 뚜껑을 덮고 부드러워질 때까지 끓인다. 필요하다면 육수를 조금 넣는다. 달걀을 풀어 넣고 휘젓는다. 구운 버섯과 함께 낸다.

This mushroom, inferior to few in point of elegance, is frequently found in woods, and dry hilly pasture

W. Curtis

Macrolepiota procera

GOOD KING HENRY

헨리시금치

Blitum bonus-henricus

정원에서 기르기에 헨리시금치만큼 쉬운 작물도 없을 것이다. 헨리시금치는 일단 자리를 잡으면 병해충에도 끄떡없이 견뎌내며 해마다 스스로 잘 자란다. 자유롭게 내버려 둔 보답으로 시금치 같은 잎, 아스파라거스 느낌의 줄기, 브로콜리 같은 꽃눈, 가루를 낼 수 있는 퀴노아 같은 씨앗 등 먹거리를 한 아름 안겨준다. 잎의 쓴맛이 아니었다면 아마도 시금치 대신 슈퍼마켓 진열대에 놓였을 것이다. 헨리시금치를 오랫동안 재배해온 링컨셔주에는 여전히 이 식물을 좋아하는 사람들이 있다. 헨리시금치는 마땅히 제2의 전성기를 구가할 만하다. 헨리시금치여, 영원하라!

해부학 노트

잎 | 잎은 일찍 수확할수록 쓴맛이 덜하다. 요리하기 전에 소금물에 담가두는 것도 쓴맛을 없애는 방법이다. 헨리시금치 잎은 거위의 발을 닮았다. 독일 전통 설화에 거위 발같이 평평한 발을 가졌다는 하인츨 멘Heinzl men이라는 밤도깨비들이 등장하는데, '하인츨'이라는 단어는 헨리Henry와 연관이 있다. 그래서 이 식물의 영어 이름에 헨리가 들어갔을 가능성이 있다.

새순 | 어린싹은 아스파라거스처럼 다듬어서 먹을 수 있다. 수확하기 전에 일주일 동안 단지를 덮어 햇빛을 가려주면 단맛이 더 좋아진다.

뿌리 | 양이 기침을 하거나, 젖소가 병이 나거나 우유에 문제가 생겼을 때 전통적으로 헨리시금치 뿌리를 먹여 치료했다고 한다.

식물학자의 레시피

빵 | 잘게 썰어 데친 어린잎을 반죽에 넣어 헨리시금치 빵을 만들 수 있다. 뒷맛을 좀 더 부드럽게 하려면 살짝 데친 잎들을 믹서에 갈아 퓌레로 만든다. 한 단계 더 나아가 헨리시금치 씨앗을 갈아서 그 가루로 빵을 만들 수도 있다. 씨앗을 갈기 전에 겉껍질을 제거해야 하는데, 바람 부는 날 바깥에서 겨가 날아가도록 하면 쉽게 작업할 수 있다. 씨앗 가루를 많이 사용할수록 빵은 더 짙은 색을 띤다.

기본 정보

별칭 | 링컨셔 시금치, 빈자의 아스파라거스, 머큐리(mercury)
과명 | 비름과(Amaranthaceae)
도시 서식지 | 길가와 생울타리
높이 | 40cm
개화 | 4월~7월
용도 | 잎, 줄기, 꽃눈, 씨앗을 식용한다.
재배 | 봄에 씨를 뿌린다.
수확 | 봄에 잎, 새순, 꽃눈을 따고, 가을에 씨앗을 받는다.

Blitum bonus-henricus

EARTHNUT

어스너트

Bunium bulbocastanum

어스너트는 처음에는 수수한 모습이다가 초여름에 하얀 꽃 뭉치를 활짝 피워 올려 마을 인근 도롯가를 환하게 밝힌다. 그러나 이 식물의 진정한 절정의 순간은 가을이다. 그맘때 맛이나 생김새가 밤하고 비슷한 울퉁불퉁한 뿌리가 생기기 때문이다. 문제는 그것들을 찾아 파내는 일인데, 돼지 한 마리만 있다면 쉽게 해결할 수 있다. 돼지는 어스너트 뿌리를 매우 좋아해서 가까이 있으면 순식간에 그 뿌리들을 찾아낸다. 이 식물을 괜히 피그너트pignut라고 부르는 것이 아니다. 잎과 씨앗도 먹을 수 있지만, 어스너트와 사촌지간이면서 맹독을 품은 나도독미나리112쪽 참조와 혼동하지 않도록 조심해야 한다.

해부학 노트

잎 | 가볍고 부드러운 깃털 모양의 잎은 외관상으로는 회향과 별 차이가 없다. 이른 봄에 부드러운 어린잎을 드문드문 채취하는 것이 가장 좋다. 이후로도 한동안 계속 자라다가 개화기를 맞이한다. 신선한 파슬리 향이 있어 봄철 샐러드에 곁들이면 좋다.

씨앗 | 초가을에 잘 익은 씨앗을 채종하여 말린다. 매콤한 맛이 나는 이 씨앗은 인도아대륙 요리에 자주 등장하며, 때때로 블랙 쿠민black cumin이라고 불린다. 혼란스럽게도 니겔라 씨앗 역시 블랙 쿠민으로 알려져 있다.

뿌리 | 덩이뿌리는 날로 먹거나 익혀 먹는데, 구수한 밤 같은 맛이 난다. 종명인 불보카스타눔*bulbocastanum*은 밤 같은 알뿌리를 가졌다는 뜻이다.

기본 정보

별칭 | 피그너트(pignut)

과명 | 산형과(Apiaceae)

도시 서식지 | 도롯가, 풀밭 가장자리, 덤불, 생울타리

높이 | 60cm

개화 | 5월~7월

용도 | 식용

재배 | 가을에 씨를 뿌린다.

수확 | 봄에 잎을, 가을에 뿌리와 씨앗을 수확한다.

식물학자의 레시피

어스너트 소금 | 거의 모든 요리에서 간을 맞추는 데 사용할 수 있다. 삶은 메추리알을 찍어 먹어도 좋다. 먼저 씨앗을 받아 일주일 정도 자연 건조로 완전히 말린다. 말린 씨앗을 마른 팬에 넣고 중간 불에서 2분 동안 계속 저어가며 볶는다. 절구에 빻아 가루를 낸다. 이 가루 1작은술을 고품질 천일염 3작은술과 섞는다. 칠리 플레이크를 추가하면 맛의 완성도가 높아진다.

Bunium bulbocastanum

WILD ROCKET

와일드로켓

Diplotaxis tenuifolia

와일드로켓은 샐러드용 허브로 재배하는 루콜라'로켓'이라고도 한다와 사촌지간인데, 길들지 않은 와일드로켓이 풍미가 더 좋고 영양가도 높다. 특히 항산화 물질, 비타민 C, 케르세틴이 풍부하다. 담장이나 길가에 많이 자라므로 샌드위치, 수프 또는 샐러드에 넣기 충분한 양의 잎을 쉽게 얻을 수 있다. 와일드로켓 잎은 어리고 부드러울 때 더 맛있지만 입 속에서 약간의 불꽃놀이를 즐기고 싶다면 매콤한 맛을 내는 다 자란 잎을 사용하면 된다.

해부학 노트

씨 꼬투리 | 씨앗과 꼬투리 모두 먹을 수 있다. 샐러드에 곁들이면 바삭거리는 후추 맛을 낸다. 창가에서 새싹 채소로 재배할 수 있고, 보통 발아 후 일주일 정도부터 수확할 수 있다.

꽃 | 네 장의 꽃잎이 십자가 모양을 이루는 연노란색 꽃은 아름다우면서 톡 쏘는 맛이 나서 샐러드나 다른 요리를 장식하기에 좋다.

뿌리 | 곧은뿌리가 길게 자라 식물을 토양에 안정적으로 고정해준다.

잎 | 와일드로켓은 상업적으로 재배하는 로켓루콜라보다 잎이 약간 더 가늘다. 종명인 테누이폴리아*tenuifolia*는 라틴어로 가는 잎을 뜻한다. 잎이 작긴 해도 한 번 딴 뒤에 다시 잎이 나므로 맛있고 부드러운 샐러드 잎을 두 번 정도 더 수확할 수 있다. 그 뒤에는 결국 씨앗을 맺으면서 매우 쓴 맛이 난다.

기본 정보

별칭 | 숙근모래냉이, 와일드 아루굴라(wild arugula)
과명 | 십자화과(Brassicaceae)
도시 서식지 | 양지바른 곳, 특히 담장과 보도블록 틈새
높이 | 40cm
개화 | 여름
용도 | 식용
재배 | 봄에 씨를 뿌린다.
수확 | 봄에 잎을, 여름에는 꽃, 가을에는 씨앗을 수확한다.

식물학자의 레시피

페스토 | 파스타, 피자, 샐러드, 심지어 육즙이 풍부한 연어앙크루테에도 잘 어울리는 페스토다. 잣 50g, 와일드로켓 잎 100g, 파르메산치즈 50g, 올리브유 150mL, 마늘 1쪽을 믹서에 넣고 갈아 페이스트를 만든 후 간을 한다. 냉장고에서 최대 5일까지 보관할 수 있는데, 페스토를 병에 담은 후 위쪽을 올리브유로 채워두면 좀 더 오래 보관할 수 있다.

Diplotaxis tenuifolia

STINKHORN

말뚝버섯

Phallus impudicus

남근처럼 생겨 노골적으로 외설스러운 이 버섯은 썩어가는 나무만 있으면 어디서든 생겨날 수 있다. 종명인 임푸디쿠스*impudicus*는 라틴어로 음란하다는 뜻이다. 겉모습이 매우 충격적이어서 빅토리아 시대의 독실한 신자들은 아마도 감수성 예민한 사람들이 보고 타락하기 전에 숲속 산책로에서 이 버섯들을 싹쓸이했을 것이다. 파리를 유인하기 위해 썩은 고기와 오수 냄새 비슷한 악취를 풍기는 말뚝버섯을 보면 요즘 사람들은 기분이 상할 가능성이 더 높다. 한마디로 입맛 떨어지게 하는 버섯이다. 하지만 말뚝이 나오기 전, 알처럼 생긴 유균 상태일 때 흔치 않은 별미를 선보인다.

해부학 노트

유균 | 때로 마녀의 알이라고 불리는 유균은 덜 성숙한 버섯이다. 냄새 나는 말뚝이 자라나기 전에 먹는 것이 좋다. 얕은 표토층, 혹은 낙엽이나 솔잎 더미 바로 밑에서 일찍 찾아낼수록 맛이 덜 자극적이다. 광대버섯의 독성 유균과 혼동하지 않도록 주의해야 한다. 반으로 잘라서 보면 완전히 다르게 생긴 것을 알 수 있다. 말뚝버섯은 안쪽에 점액과 포자가 있는데 이 부분이 기본체로 변하게 된다.

자루 | 자루는 유균에서 단 몇 시간 만에 솟아 나온다. 이 버섯을 비롯한 일부 말뚝버섯 변종들은 최음제로 여겨진다. 하지만 그 효과가 화학 반응 때문인지, 겉모습 때문인지, 혹은 사랑의 묘약에 흔히 첨가되는 술 때문인지는 논쟁의 여지가 있다.

기본체 | 버섯의 포자를 만드는 부분으로, 자루 윗부분에 있다. 포자가 모여 있어서 이 부분이 색이 더 짙고 끈적끈적하며 냄새가 더 난다. 파리들이 모여들어 한바탕 잔치를 벌인 후 포자들을 다른 말뚝버섯으로 옮겨 간다.

균포 | 균포대주머니는 유균을 둘러싼 막이다. 보통 식용하기 전에 제거한다.

기본 정보

별칭 | 커먼 스팅크혼(common stinkhorn), 스팅킹 모렐(stinking morel),
과명 | 말뚝버섯과(Phallaceae)
도시 서식지 | 숲속
높이 | 25cm
결실 | 늦여름에서 가을
용도 | 산림 먹거리, 최음제, 항응혈제
재배 | 낙엽 등으로 멀치를 잘 덮어둔 화단
수확 | 여름과 가을

식물학자의 레시피

유균 | 어린 말뚝버섯의 '알유균'을 수확한 후 잘라서 속을 연다. 알이 충분히 성숙하지 않았다면 점액과 포자를 먹을 수 있는데, 약간 용기를 내야 할 수도 있다. 흥미로운 식감 때문에 유균을 좋아하는 사람들도 있다. 사람들이 주로 선호하는 부위는 중앙의 하얀색 배아 줄기다. 채 썰어 날로 먹거나 조리해서 먹을 수 있는 이 부분은 아삭거리면서도 살짝 흙 맛이 난다.

The fetor arising from it quickly pervading every part of the house, we were obliged to get rid of it

W. Curtis

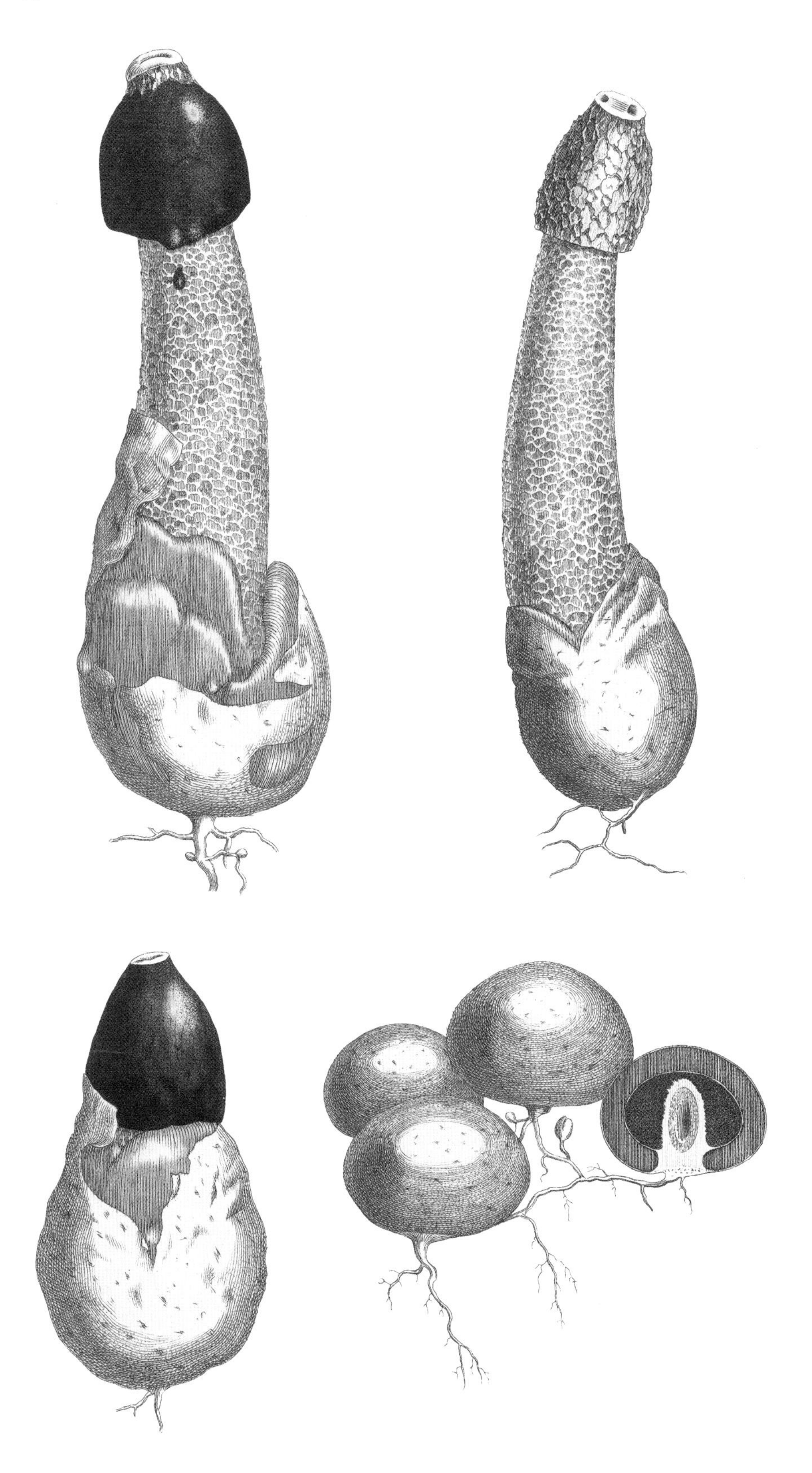

Phallus impudicus

WOOD SORREL

애기괭이밥

Oxalis acetosella

숲속의 조용하고 그늘진 구석에서 토끼풀처럼 생긴 애기괭이밥의 연두색 잎들을 만나 볼 수 있다. 잎 위로는 매력적인 분홍 줄무늬를 가진 꽃들이 피어나는데 매우 앙증맞다. 애기괭이밥에는 옥살산이 가득 들어 있어 옥살리스*Oxalis*라는 속명이 붙었다. 아주 적은 양으로 톡 쏘는 신맛을 낼 수 있어 단 몇 장의 잎만으로도 봄철 샐러드의 맛을 돋울 수 있다. 꽃도 식용이 가능하지만 먹기에 아까울 정도로 예쁘다.

해부학 노트

잎 | 애기괭이밥 잎은 날씨를 예측한다. 비가 오기 직전에 잎이 오므라들어 다시 건조해질 때까지 그 상태를 유지한다. 또 밤이 되면 꽃과 함께 오므라든다. 잎에는 독성이 있는 옥살산이 들어 있지만, 많은 양을 섭취하지 않는 한 문제없다. 시금치와 루바브 같은 흔한 채소에도 옥살산이 들어 있다. 약초학자들은 열과 복통을 다스리기 위해 잎을 사용해왔으며, 신장 결석과 관절 통증에 관한 연구도 진행 중이다. 잎에 들어 있는 옥살산수소칼륨은 리넨아마천의 얼룩을 제거하는 데 사용했다.

씨앗 | 씨 꼬투리는 더운 낮에 터지는데, 씨앗들을 2.5m에 이르는 거리까지 날려 보내 빠르고 효과적으로 퍼뜨린다. 30cm 크기의 식물치고는 꽤 괜찮은 실력이다.

꽃 | 뻐꾸기가 도착할 무렵 꽃이 보이기 시작한다는 데서 뻐꾸기의 고기cuckoo's meat라는 영어 이름이 붙었을 가능성이 있다. 아니면 결혼의 여신 헤라의 상징인 뻐꾸기가 자기 목소리를 찾기 위해 애기괭이밥을 먹었다는 신화에서 유래했을지도 모른다. 여름이 끝나갈 무렵에는 꽃이 열리지 않고, 대신에 꽃봉오리를 형성하는 동안 제꽃가루받이를 한다.

기본 정보

별칭 | 뻐꾸기의 고기 (cuckoo's meat)
과명 | 괭이밥과(Oxalidaceae)
도시 서식지 | 그늘진 숲, 생울타리
높이 | 30cm
개화 | 4월~5월
용도 | 식용
재배 | 봄에 씨를 뿌린다.
수확 | 봄에 잎을 딴다.

식물학자의 레시피

연어와 애기괭이밥 소스 | 애기괭이밥의 신맛은 생선과 잘 어울린다. 연어 필레 750g을 길게 잘라 그릴팬에 올린다. 생선 육수 300mL, 더블 크림 45mL, 드라이 베르무트 25mL를 15분 정도 끓이며 졸인다. 더블 크림 45mL, 버터 40g, 레몬즙 1큰술을 추가한다. 소스가 크림처럼 될 때까지 가열한 뒤 애기괭이밥 잎 15g을 넣고 젓는다. 연어의 양쪽 면을 두께에 따라 각각 몇 분씩 굽는다. 소스와 함께 내며 애기괭이밥 꽃으로 장식한다.

In this little plant, there is a delicacy of structure superior to what we observe in most

W. Curtis

Oxalis acetosella

LADY'S BEDSTRAW

솔나물

Galium verum

솔나물은 풀밭에서 조용히 지내다가 여름이 되어서야 여러 감각을 자극하며 모습을 드러낸다. 버려진 주차장을 가득 메우며 늘어선 노란 꽃들은 진한 꿀 향기로 대기를 채운다. 흐드러지게 핀 꽃들에 파묻혀 누워 있고 싶은 마음이 들 정도다. 부인의 침대 속짚lady's bedstraw이라는 뜻의 영어 이름에서 알 수 있듯, 예전에는 솔나물을 잘 말려 매트리스를 채우는 데 사용했다. 편안할 뿐 아니라 기분 좋은 건초 냄새가 벼룩을 막아주었다. 솔나물은 치즈를 만들 때 우유의 단백질을 응고시키는 식물성 응고 효소이자 염료로도 쓸 수 있으니, 그야말로 주부들을 위해 열일하는 식물이다.

해부학 노트

줄기 | 신발 안에 솔나물을 넣는 전통은 발에 물집이 생기는 것을 방지하고 악령을 막아준다는 믿음에서 유래했다.

꽃 | 빽빽하게 모여 핀 노란 꽃들은 체셔 주에서 치즈를 만들 때 우유를 응고시키는 용도로 사용했다. 더블글로스터 치즈는 이 꽃의 염료를 사용하여 특유의 연한 오렌지색으로 물들였다. 갈리움*Galium*이라는 속명은 치즈와 연관된 솔나물의 특성을 반영하여 우유를 뜻하는 그리스어 갈라gala에서 따왔다.

잎 | 잎으로 차를 만들어 간을 해독하거나 차갑게 하여 화장을 지우는 세안제로 사용한다. 으깬 잎을 상처에 바르면 치료에 도움이 되기도 한다.

씨앗 | 솔나물은 커피와 같은 과에 속하며, 종자를 볶아 커피 대용으로 사용할 수 있으나 카페인은 없다.

뿌리 | 뿌리를 잘게 썰어 끓이면 옷을 물들이는 매우 아름다운 붉은색 염료가 나온다. 헤브리디스 제도에서는 털실을 염색하는 데 쓴다.

기본 정보

별칭 | 옐로 베드스트로(yellow bedstraw)

과명 | 꼭두서니과(Rubiaceae)

도시 서식지 | 풀밭과 길가, 초지대, 부드러운 석회질의 모래가 많은 토양

높이 | 50cm

개화 | 6월~8월

용도 | 치즈 제조, 매트리스 충전재, 염료, 커피 대용, 의약용, 세안제

재배 | 가을에 씨를 뿌린다.

수확 | 여름에 꽃을 따고, 가을에 씨앗을 받는다.

식물학자의 레시피

크림치즈 | 솔나물 꽃과 줄기를 빻아 팬에 넣고 물을 붓는다. 35분 동안 끓인 후 체에 걸러낸 액체 150mL를 따뜻한 우유 1L에 넣는다. 우유가 응결될 때까지 간간이 부드럽게 저어준다. 하룻밤 동안 따뜻한 곳에 놓아둔다. 응고물을 모슬린 주머니에 담아 물기를 빼낸다. 소금을 약간 넣으면 수분 제거에 도움이 된다. 모슬린 주머니에서 꺼내 용기에 담아 냉장고에 보관한다.

Galium verum

NETTLE

서양쐐기풀

Urtica dioica

서양쐐기풀처럼 그토록 오랫동안 아이들을 심하게 울린 식물도 없을 것이다. 하지만 서양쐐기풀 처지에서는 가시 같은 샘털로 완전 무장할 필요가 있다. 그러지 않으면 영양가 높고 쓰임새 많은 이 식물은 먹히고, 뽑히고, 뜯기고, 수확돼 사라지고 말 것이다. 타는 듯 쓰라린 아픔을 주는 산성 물질을 내뿜는 샘털이 팔방미인 식물에게는 대단히 효과적인 방어책인 셈이다. 그럼에도 불구하고 서양쐐기풀을 이용한 음식은 타파스에서 타르트 타탱까지 매우 다양하다. 사람들은 서양쐐기풀에서 염료를 얻고, 직물과 종이를 얻으며, 심지어 혈액순환을 촉진하는 요법으로 샘털을 이용한다. 서양쐐기풀은 나비와 무당벌레에게도 매우 중요하다. 그러니 아이들의 눈물은 헛되지 않다.

해부학 노트

씨앗 | 새들이 가을에 먹는 마른 씨앗은 집에서 빵을 만들 때 넣어 먹으면 원기를 보충하는 데 좋다.

줄기 | 잎과 마찬가지로 줄기는 샘털이라고 부르는 속이 빈 잔털로 덮여 있다. 건드리면 부러지면서 산과 히스타민을 방출하여 피부가 따끔거리게 한다. 로마 병사들은 겨울에 몸을 따뜻하게 하려고 온몸에 샘털을 문질렀다. 줄기 바깥쪽 섬유질로는 종이를 만들 수 있다.

잎 | 잎을 수확할 때는 장갑을 끼고 줄기 맨 위쪽에 있는 어린잎을 4~6장 딴다. 잎을 세척할 때도 장갑이 필요하지만, 끓는 물에 데친 후에는 샘털이 사라진다. 서양쐐기풀 차는 항염증 효능이 있어 꽃가루 알레르기가 있는 사람에게 좋다. 잎에서 얻은 짙은 녹색 염료는 제2차 세계대전 때 위장용으로 사용했다. 나비 애벌레는 샘털 사이를 다니며 잎을 갉아 먹으므로 잎을 딸 때는 야생의 생물들을 위해 충분한 양을 남겨 두어야 한다.

기본 정보

별칭 | 쐐기풀(stinging nettle)
과명 | 쐐기풀과(Urticaceae)
도시 서식지 | 훼손지를 비롯한 거의 모든 곳
높이 | 1.5m
개화 | 5월~10월
용도 | 식용, 섬유 제조용
재배 | 너무 흔해서 따로 씨를 뿌릴 필요조차 없다.
수확 | 이른 봄에 어린잎을 따고, 가을에 씨앗을 받는다.

식물학자의 레시피

비건 리소토 | 서양쐐기풀 새잎과 신선한 완두콩으로 이른 봄 생기를 주는 리소토를 만들 수 있다. 깍둑썰기한 적양파를 기름에 살짝 볶고, 리소토용 쌀 200g을 넣는다. 비건 화이트 와인* 1~2잔을 넣고 저으며 잘 익힌다. 육수 500mL를 준비해 재료가 마를 때마다 조금씩 팬에 부으면서, 쌀이 눌어붙지 않도록 규칙적으로 젓는다. 다 익으면 잘게 썬 서양쐐기풀 새순 200g, 완두콩 200g, 영양 효모 8큰술을 넣고 3분 동안 조리한다. 양념을 하고 신선한 파슬리와 함께 낸다.

*양조 과정에서 동물성 제품을 사용하지 않고 만든 화이트 와인

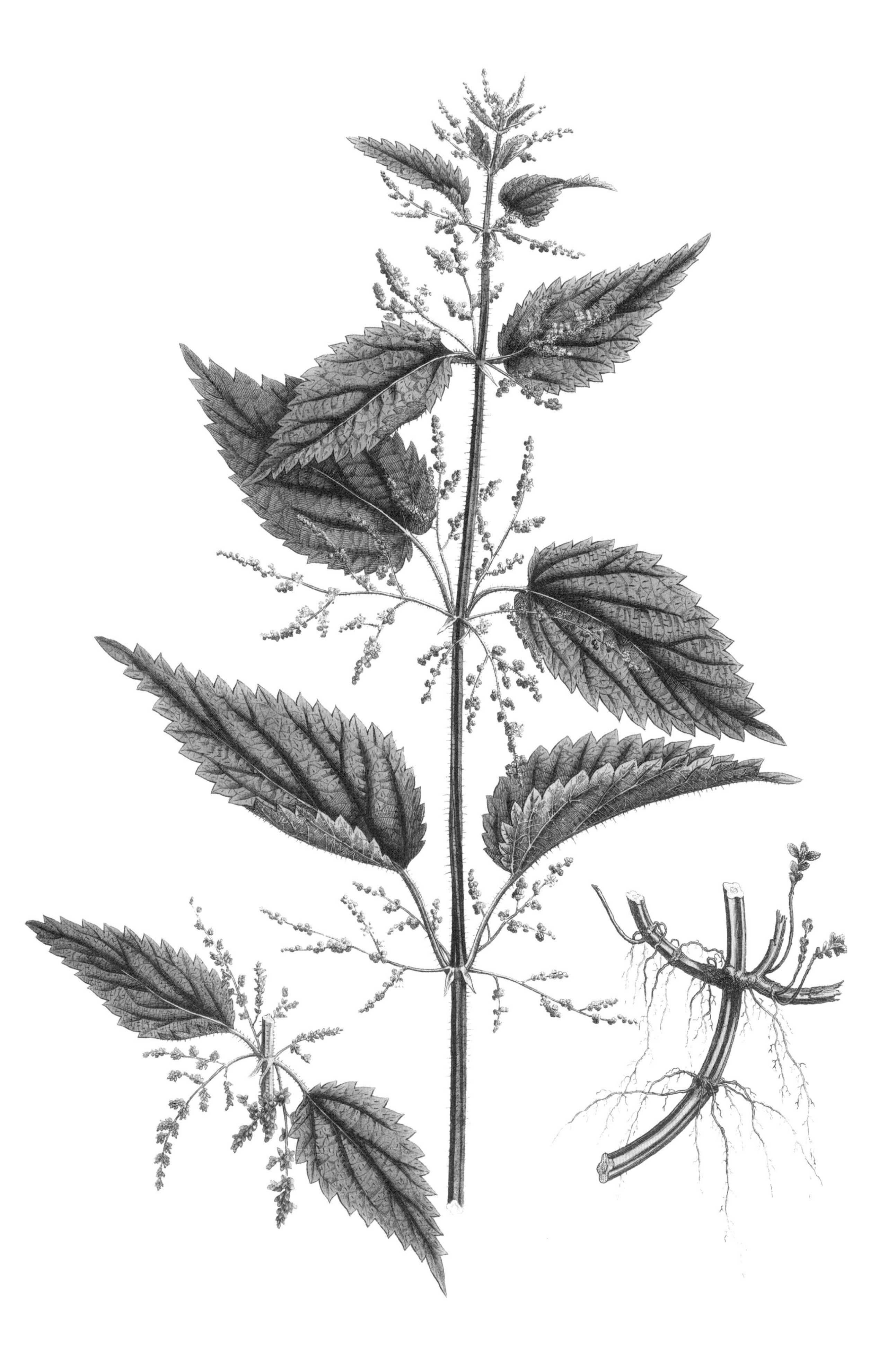

Urtica dioica

MARSH MARIGOLD

동의나물

Caltha palustris

동의나물은 고대 켈트족이 벨테인이라고 부르던 5월제를 비공식적으로 상징하는 꽃이었다. 오래된 풍습에 따라, 다가올 여름을 기약하며 나쁜 기운을 내쫓기 위해 집집마다 태양을 닮은 이 꽃으로 문을 장식했다. 영국과 아일랜드의 일부 지역에서는 지금도 이러한 관습이 이어져오고 있다. 하지만 미신을 덜 믿는 도시 사람들은 동의나물의 꽃봉오리를 케이퍼*처럼 절이거나 부드러운 잎을 시금치처럼 요리하여 먹기도 한다. 독성이 있어서 장갑을 끼지 않고 만지면 피부에 자극을 줄 수 있으므로 주의해야 한다.

해부학 노트

꽃 | 꽃잎이 완전히 열리기 전의 꽃은 왕족들이 사용하는 황금 술잔을 닮았다. 그래서 때때로 킹컵kingcup으로도 불린다. 속명인 칼타*Caltha* 역시 술잔을 뜻하는 그리스어에서 유래했다.

줄기 | 수액에 독성이 있어서 눈, 코, 피부를 자극할 수 있다. 동물에게도 물집을 일으킬 수 있는데, 이 식물 때문에 소가 죽었다는 보고도 있다. 영어 이름에 들어간 마리골드marigold는 어쩌면 '말의 물집'을 뜻하는 고대 영어 미어갈레meargalle가 변형된 것일 수 있다. 한편으로는 습지에서 자라는 마리골드처럼 보이기도 한다. 로마의 거지들은 이 식물을 이용해 몸에 물집이 많이 생기도록 해서 동정심을 불러일으켰다고도 한다.

뿌리 | 일부 문화권에서는 뿌리를 끓여 으깬 후 발에 발라, 고름이 나오는 상처를 완화한다.

기본 정보

별칭 | 킹컵(kingcup)
과명 | 미나리아재비과 (Ranunculaceae)
도시 서식지 | 물가의 축축한 땅
높이 | 50cm
개화 | 3월~5월
용도 | 꽃을 식용, 연못에 심는 관상용 식물
재배 | 봄에 연못가에 심는다.
수확 | 봄에 장갑을 끼고 꽃눈과 어린잎을 딴다.

식물학자의 레시피

그라탱 | 크림이 듬뿍 든 그라탱은 겨울을 난 마지막 파스닙을 유용하게 쓸 수 있는 기분 좋은 음식이다. 동의나물 어린잎 450g 정도를 물에 충분히 삶아 독소를 제거한다. 쓴맛이 사라질 때까지 물을 갈아주면서 반복해 삶는다. 잘 씻어 물기를 짜낸 다음 잘게 썬다. 채 썬 적양파, 타임 생잎 다진 것과 함께 살짝 볶는다. 껍질을 벗기고 얇게 썬 파스닙 450g을 채소류와 함께 베이킹 접시에 층층이 담는다. 크림 350mL와 우유 350mL를 팬에 넣고 거품이 잘 나지 않을 때까지 가열하고, 소금과 후추를 약간 넣은 후 파스닙과 채소류 위에 붓는다. 오븐에 넣고 190℃ 에어프라이어에서는 170℃에서 1시간가량 부드러운 황금빛이 돌 때까지 조리한다.

*지중해 연안에 자라는 식물로, 꽃봉오리를 향신료로 쓴다.

Caltha palustris

WILD CLARY SAGE

샐비어 베르베나카

Salvia verbenaca

샐비어 베르베나카는 햇볕을 쬐며 열기를 흠뻑 받아들이기를 좋아한다. 여름이 절정에 이른 것을 기념이라도 하듯 꼿꼿하게 선 수상꽃차례에 보랏빛 꽃들이 돌려난다. 흙냄새 같은 풋풋한 향기가 나는 이 꽃은 묘지에서 발견할 가능성이 높다. 중세 시대에 묘지 주변에 많이 심었기 때문이다. 사촌지간인 세이지와 마찬가지로 쓸모가 많은 허브로, 잎과 꽃을 먹을 수 있다. 생으로 쓰기도 하고 말려서 쓰기도 하는데, 짭짤한 음식과 달콤한 요리에 모두 어울린다. 잎 차는 안정과 수면을 촉진하고, 소화를 도우며, 항염증 효능이 있다. 아름다우면서도 유익한 식물이다.

해부학 노트

꽃 | 입술 모양의 꽃은 벌을 비롯한 꽃가루 매개 곤충들을 자석처럼 끌어당긴다. 하지만 샐비어 베르베나카는 방문객 없이도 필요에 따라 스스로 꽃가루받이를 할 수 있다.

씨앗 | 약초학자 니콜라스 컬페퍼 Nicholas Culpeper는 샐비어 베르베나카의 씨앗을 물에 담가두면 눈에 들어간 이물질을 빼내는 데 유용한 진한 용액을 만들 수 있다고 했다. 물론 그 작업을 할 수 있을 만큼 흔히 볼 수 있다는 전제 하에서 말이다.

잎 | 샐비어 베르베나카의 잎을 우려낸 물은 시력 강화에 좋다고 알려져 있다.

식물학자의 레시피

튀김 | 요리하기 몇 시간 전에 반죽을 만들어둔다. 밀가루 100g에 소금 약간, 식용유 2큰술, 레몬 제스트를 넣고 섞는다. 밀가루가 덩어리지지 않고 잘 풀어지도록 따뜻한 물을 넣으며 저어준다. 요리하기 직전에 달걀 1개의 흰자를 반죽에 넣고 섞어준다. 한 움큼의 샐비어 베르베나카 꽃과 레몬밤 잎을 씻어 물기를 제거한 뒤 반죽을 입힌다. 끓는 기름에 튀겨 건져놓는다. 설탕을 뿌린 후 레몬 소르베셔벗와 함께 낸다.

기본 정보

별칭 | 야생 클라리(wild clary), 야생 세이지(wild sage)
과명 | 꿀풀과(Lamiaceae)
도시 서식지 | 양지바르고 건조한 곳
높이 | 60cm
개화 | 6월~9월
용도 | 꽃과 잎을 식용
재배 | 가을에 씨를 뿌린다.
수확 | 여름에 수확해 말린다.

Salvia verbenaca

TREE OYSTER MUSHROOM

느타리

Pleurotus ostreatus

나무 옆면을 따라 촘촘히 층을 이루며 자라는 느타리는 반질반질한 돌처럼 매끄럽고 둥근 모양이 영락없는 조각품이다. 균류치고는 생김새가 아름다운데, 맛은 훨씬 더 훌륭하다. 느타리는 1년 내내 볼 수 있지만 갓이 완전히 평평해지기 전, 어릴 때 채취한다. 이때 고기 같은 풍부한 식감과 아니스씨앗이 향미료로 쓰이는 산형과 식물 향이 가미된 은은하면서도 고소한 풍미가 가장 좋다. 단백질과 비타민 C가 풍부하여 전 세계에서 상업적으로 재배하고 있는데, 동양 요리에서 특히 중요한 역할을 한다.

해부학 노트

갓 | 느타리에는 고콜레스테롤 치료에 사용하는 스타틴이 들어 있다. 에이즈와 육종암 치료에 쓰일 가능성에 대해서도 연구가 진행 중이다.

균사체 | 이 버섯은 나름 육식성이다. 뿌리 같은 역할을 하는 균사체가 양분과 수분을 찾아다니며 아주 작은 선충들을 잡아먹는다. 썩어가는 나무를 분해하는 데도 도움을 준다. 오염된 지역에서는 오염 물질을 분해하여 토양을 정화하는데, 이 과정을 균류 정화mycoremediation라고 한다. 이러한 곳에 자라는 버섯은 갓에 불순물이 잔류할 수 있으므로 식용으로는 안전하지 않을 수 있다. 놀랍게도 느타리의 균사체는 포장재에서 의류까지 가죽처럼 튼튼한 직물로 변모할 수도 있다.

기본 정보

별칭 | 진주조개 버섯(pearl oyster mushroom), 히라타케(hiratake)
과명 | 느타리과(Pleurotaceae)
도시 서식지 | 낙엽수
폭 | 20cm
용도 | 식용
재배 | 가을에 종균으로부터 재배하기 시작한다.
수확 | 여름에 수확해 말린다.

식물학자의 레시피

케밥 | 고기를 넣는 전통적인 되네르 케밥 대신 채식주의자를 위한 매콤한 대체 요리를 만들 수 있다. 먼저 느타리 500g을 잘게 썰어 2분간 마른 팬에 굽는다. 고추기름이나 마늘 기름, 마늘 2쪽을 다져 넣는다. 카이엔 후추 1작은술과 훈제 파프리카 가루 1작은술, 고수 가루 1작은술, 쿠민 소금 1작은술을 넣고 약간의 후춧가루를 뿌린 후 잘 저어 버섯과 함께 버무린다. 버섯이 잘 익도록 물을 약간 넣으며 1분 정도 저어준다. 따뜻한 피타빵, 잘게 썬 양배추, 칠리 소스, 다진 토마토, 신선한 요거트를 곁들여 낸다.

Pleurotus ostreatus

BITTER VETCH

쓴살갈퀴

Lathyrus linifolius

봄이면 도롯가에 쓴살갈퀴의 섬세한 분홍 꽃들이 피어나 자동차가 지나갈 때마다 한들거리곤 한다. 그런데 쓴살갈퀴는 흙 속에 달달하고 고소한 식용 덩이줄기를 숨기고 있다. 스코틀랜드 고지대에서는 감자가 도입되기 전에 이 덩이줄기를 먹었다. 약한 독소를 제거하기 위해 말려서 감초나 담배처럼 씹었는데, 종종 위스키에 곁들였다. 쓴살갈퀴는 특히 허기를 억제하는 효과가 있어 음식이 귀했던 시절 그 가치를 인정받았다. 오늘날엔 완벽한 다이어트 보조제에 대한 끊임없는 연구 덕분에 다시 관심을 받고 있다.

해부학 노트

씨앗 | 잘 익혀서 천연 독성 물질을 파괴한 후 먹으면 되는데, 밤 같은 맛이 난다. 유일한 문제는 씨앗이 너무 작아서 제대로 된 식사를 할 만큼 모으려면 등골이 빠진다는 것이다.

덩이줄기 | 스코틀랜드 사람들은 말린 덩이줄기를 케어밀cairmeal이라 불렀다. 케어밀을 발효시켜 약용 맥주로 만들었는데, 특히 목 질환을 치료하는 데 사용했다. 찰스 2세 왕은 정부들에게 이것을 주어 건강한 몸매를 유지하도록 했다는 소문도 있다.

뿌리 | 콩과의 식물들이 대부분 그렇듯 쓴살갈퀴의 뿌리도 공기 중 질소를 흡수해 토양 내 영양소로 바꿔준다. 따라서 쓴살갈퀴는 토양의 질을 개선하기 위한 훌륭한 선택지다.

기본 정보

별칭 | 히스 피(heath pea)
과명 | 콩과(Fabaceae)
도시 서식지 | 도롯가, 길가, 숲
높이 | 30cm
개화 | 5월~7월
용도 | 익힌 뿌리를 식용
재배 | 봄에 덩이줄기를 구해 심는다.
수확 | 가을에 덩이줄기를 수확한다.

식물학자의 레시피

덩이줄기 구이 | 쓴살갈퀴 덩이줄기 구이는 다른 디저트가 필요 없을 만큼 맛이 좋다. 껍질을 벗긴 덩이줄기를 소금물에 삶는다. 물이 끓고 몇 분간 더 푹 삶는다. 그동안 오븐 팬에 기름을 0.5cm 정도 두르고, 200℃에어프라이어에서는 180℃로 예열된 오븐에 5분 동안 넣어둔다. 삶은 덩이줄기의 물기를 제거한 후 달궈진 오븐 팬에 마늘 몇 쪽과 함께 올려놓는다. 기름을 발라주고 소금과 후추로 간한다. 노릇노릇하고 바삭해질 때까지 한두 번 뒤집으면서 40분간 굽는다.

Lathyrus linifolius

JACK-IN-THE-HEDGE

마늘냉이

Alliaria petiolata

냄새가 심하지만 않았어도 많은 사람이 마늘을 훨씬 더 좋아했을 것이다. 그렇다면 마늘 향이 아주 조금만 나는 마늘냉이를 즐겨보는 것은 어떨까? 생울타리 아래쪽이나 도시의 담장 옆 갈라진 콘크리트 틈새에 모습을 드러내는 마늘냉이는 춤추듯 피어나는 흰색 꽃과 하트 모양 잎이 특징이다. 잎을 문지르면 마늘 향이 은근히 난다. 생잎을 잘게 썰어 샐러드, 살사, 수프, 소스에 넣으면 겨자의 매콤한 맛이 약간 가미된 은은한 마늘향을 즐길 수 있다. 꽃이 핀 후에 잎을 따면 매운맛이 강해진다.

해부학 노트

씨 꼬투리 | 기다란 녹색 꼬투리 안에서 자라는 씨앗은 겨자씨 대용으로 요리에 사용할 수 있다. 새들도 간식거리로 이 씨앗을 좋아한다.

꽃 | 십자 형태의 예쁜 꽃은 샐러드를 아름답게 장식한다. 하지만 마늘 냄새가 많이 나므로 마늘을 싫어하는 사람들은 주의해야 한다.

잎 | 쐐기풀처럼 생긴 위쪽에 난 잎이 가장 부드럽다. 두해살이 생활사 중에 첫해에 수확하면 가장 좋다. 조리하지 않고 생으로 먹는 것이 좋은데, 특히 수확 직후에 맛이 좋다. 비타민 A와 C가 풍부해 소화 기관을 튼튼하게 해준다고 알려져 있다.

줄기 | 보통 하나의 줄기가 자라는데, 훼손되거나 잘리면 그에 대한 반응으로 다른 줄기들이 많이 올라온다.

뿌리 | 서양고추냉이 소스를 만들 때 마늘냉이의 뿌리를 이용할 수 있는데, 먼저 목질화된 섬유질 부분을 제거해야 한다. 뿌리가 S자 모양으로 자라는 덕택에 비탈과 가파른 언덕에 매달려 자랄 수 있다.

기본 정보

별칭 | 갈릭 머스터드 (garlic mustard)
과명 | 십자화과(Brassicaceae)
도시 서식지 | 울타리 아래
높이 | 70cm
개화 | 4월~6월
용도 | 식용
재배 | 봄에 씨를 뿌린다.
수확 | 이른 봄

식물학자의 레시피

돌마데스 | 포도 잎 대신 의외의 재료인 마늘냉이를 사용해 군침 도는 봄철 전채 요리를 만들어보면 어떨까? 마늘냉이 잎을 4분 동안 삶아서 물기를 짠다. 잘게 썬 말린 토마토와 올리브를 넣고 지은 밥, 잣과 바질 등으로 소를 만들어 마늘냉이 잎 위에 놓고 말아준다. 취향에 따라 뜨겁거나 차게 해서 낸다.

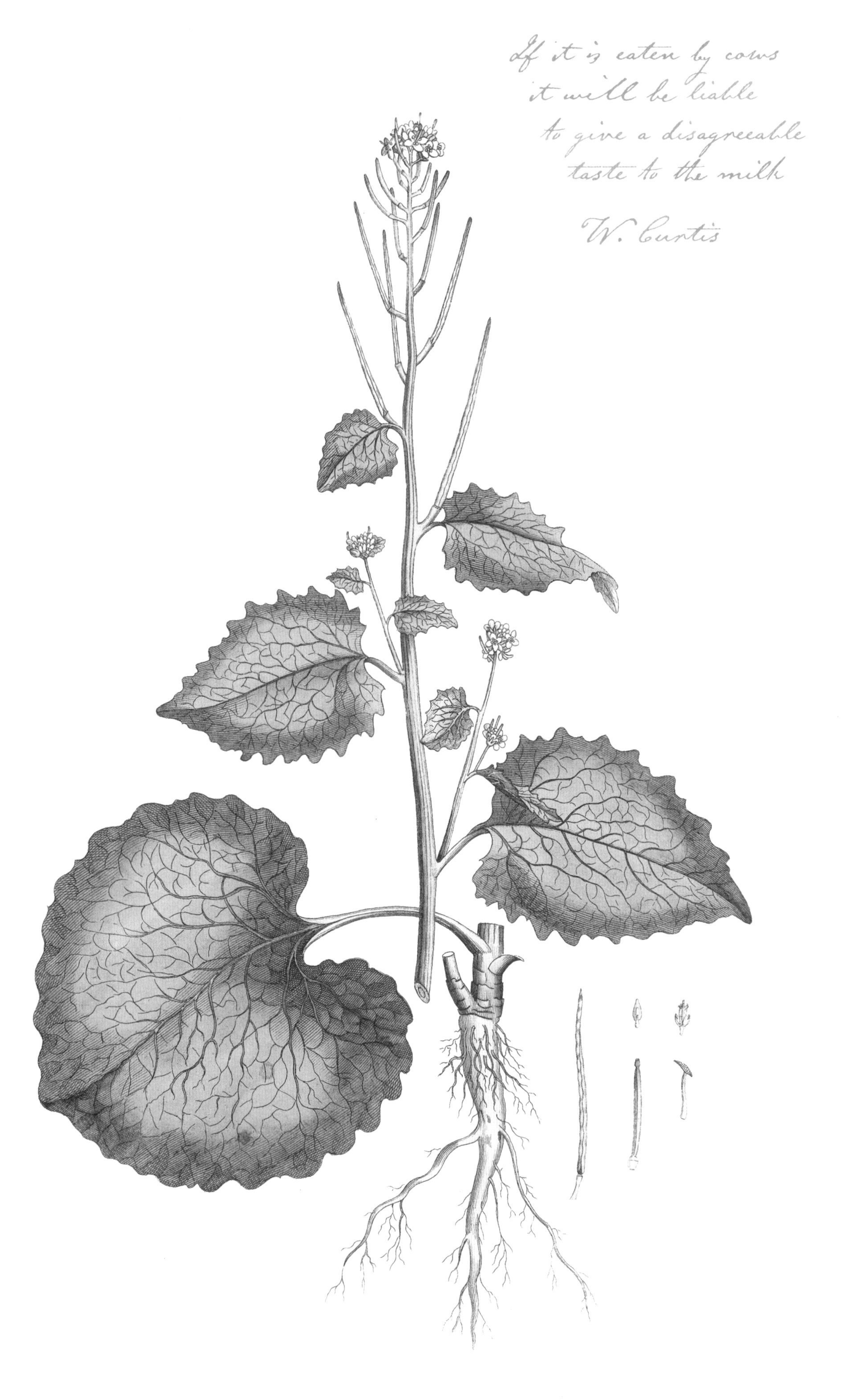

Alliaria petiolata

SOW THISTLE

방가지똥

Sonchus oleraceus

민들레가 흔하다고 생각하겠지만, 팔다리가 좀 더 긴 큰형뻘의 방가지똥 역시 어디서나 볼 수 있다. 방가지똥은 매우 좁은 틈바구니에도 자리를 잡는데, 심지어 도시 한가운데 가장 시끄러운 교차로의 도로 표지판 아래서도 잘 자란다. 전형적인 잡초 중 하나인 이 식물은 가시 돋친 잎으로 스스로를 지킨다. 어린잎은 놀라울 정도로 식욕을 돋운다. 달달한 상추 맛이 나고 비타민 C가 시금치보다 두 배 정도 많다. 줄기 껍질을 벗기면 아스파라거스 대용으로 이용할 수 있다. 단, 이 식물이 자라는 곳을 잘 살펴야 한다. 방가지똥은 가로등 기둥 밑에서 잘 자라는데, 그런 장소는 개가 오줌을 싸기 좋은 곳이다.

해부학 노트

꽃 | 어린 꽃봉오리와 꽃은 샐러드에 넣거나 튀겨 먹을 수 있다.

줄기 | 속명인 손쿠스*Sonchus*는 그리스어로 비어 있다는 뜻으로, 줄기를 가리킨다. 돼지와 산토끼가 방가지똥을 좋아한다. 소우시슬sow thistle이라는 영어 이름은 '암퇘지 엉겅퀴'라는 뜻이다. 농부들은 이 식물이 수유 중인 암퇘지에게 좋은 먹이라고 생각했다.

잎 | 수확할 때는 줄기 위쪽에 있는 어린 잎을 딴다. 아래쪽 잎들에는 가시가 있다. 생으로 또는 익혀서 먹기 전에 뾰족한 가시 부분을 잘 다듬어야 한다. 잎의 수액은 마오리족이 쓴맛 껌을 만들 때 사용했다. 푸하puha라고도 불리는 방가지똥은 마오리족의 요리에 널리 쓰인다. 그중에는 인기 요리인 포크 앤드 푸하pork and puha가 있는데, 돼지 뼈를 방가지똥, 고구마, 그 밖의 채소류와 함께 끓여 먹는 스튜 요리다.

뿌리 | 뿌리를 구워 먹을 수도 있지만 그러기에는 크기가 너무 작다.

기본 정보

별칭 | 토끼의 상추(hare's lettuce)

과명 | 국화과(Asteraceae)

도시 서식지 | 길가, 도롯가, 훼손지, 황무지

높이 | 70cm

개화 | 7월~9월

용도 | 식용

재배 | 씨를 뿌려 키울 수 있지만, 이미 주변 어딘가에 자라고 있을 가능성이 크다.

수확 | 봄에 어린잎을 딴다.

식물학자의 레시피

볶음 요리 | 신선한 방가지똥 잎은 돼지고기와 안성맞춤으로 잘 어울린다. 간장, 물, 화이트 와인, 설탕과 옥수숫가루를 약간 섞어 양념장을 만든다. 돼지고기 안심 300g을 썰어 간하고, 양념장에 1시간가량 재어둔다. 큰 팬에 기름을 조금 두르고 돼지고기를 몇 분간 볶은 후 팬에서 꺼내놓는다. 원하는 채소를 조리 시간에 따라 순서대로 넣어 볶고 마지막에 다진 마늘, 파, 잘게 썬 방가지똥 어린잎을 넣는다. 돼지고기를 다시 팬에 넣고 양념장을 넣은 뒤 1~2분간 더 익힌다. 밥과 함께 낸다.

Sonchus oleraceus

CORN POPPY

개양귀비

Papaver rhoeas

한때 옥수수밭에서 주로 자라던 개양귀비는 이제 도시에 터를 잡고 잘 자란다. 개양귀비의 꽃들은 선홍색 재킷을 입은 군인들처럼 도롯가를 따라 차렷 자세를 취하고 서 있다. 추모의 상징으로 가장 잘 알려진 꽃다운 모습이다. 가을에 씨앗들로 가득한 항아리 모양 삭과 주머니가 영그는데, 빵, 케이크, 페이스트리를 장식하고 향을 내는 데 사용할 수 있다. 어린잎으로는 색다른 차원의 샐러드를 즐길 수 있다. 개양귀비 씨앗 기름을 드레싱으로 활용해도 된다. 이렇듯 개양귀비는 문화적으로 대단히 중요한 꽃일 뿐 아니라 부엌에서도 꽤 유용한 식물이다.

해부학 노트

잎 | 부드러운 어린잎은 꽃봉오리가 생기기 전에 따야 한다. 그 이후엔 독성이 생긴다.

꽃 | 제1차 세계대전 희생자를 추모하는 상징적인 꽃이 되기 훨씬 전, 개양귀비는 풍년의 상징이었다. 로마인들은 농업의 여신인 케레스의 이미지를 개양귀비와 옥수수로 묘사했다. 포도주 상인들은 꽃에서 추출한 선명한 진홍색 색소로 레드 와인의 빛깔을 더 진하게 만들었다. 꽃을 달인 물은 가벼운 치통을 완화하거나 잦은 기침을 멎게 하는 데 이용했다.

씨앗 | 한 개체가 6만 개의 씨앗을 생산한다. 각각의 씨앗은 80년 동안이나 흙 속에서 휴면하며, 언젠가 잠이 깨어 싹 틔울 때를 기다린다. 개양귀비는 죽고 죽이는 전쟁이 휩쓸고 간 들판에 가장 먼저 자라나 피같이 붉은 꽃의 바다를 이루었던 식물이다.

기본 정보

별칭 | 아프리카 장미 (African rose)

과명 | 양귀비과(Papaveraceae)

도시 서식지 | 보도블록 틈새, 도롯가, 풀밭 가장자리

높이 | 70cm

개화 | 6월~8월

용도 | 씨앗을 식용, 진통제, 진정제, 식용 색소, 문화적 상징

재배 | 가을에 씨를 뿌린다.

수확 | 봄에 잎을 따고, 가을에 씨앗을 받는다.

식물학자의 레시피

몬쿠헨 | 밀가루 170g, 설탕 70g, 약간의 소금을 섞는다. 차가운 버터 80g을 케이크 팬 안쪽에 듬뿍 문질러 바른 다음 혼합물을 눌러 담고 차갑게 한다. 설탕 100g을 우유 500mL와 버터 100g과 함께 녹인다. 끓이면서 밀가루보다 입자가 큰 세몰리나 100g, 개양귀비 씨앗 120g을 넣고 걸쭉해질 때까지 계속 저어준 후 차갑게 식힌다. 마스카르포네치즈 250g, 바닐라 추출물 1작은술, 달걀 1개를 섞어 부드러워질 때까지 휘젓는다. 식혀둔 씨앗 혼합물과 섞어 케이크 팬에 눌러둔 베이스 위에 붓는다. 밀가루 50g, 버터 50g, 고운 흑설탕 30g을 섞어서 솔솔 뿌린다. 오븐에 넣고 180℃ 에어프라이어에서는 160℃ 에서 40분간 노릇노릇하게 익을 때까지 굽는다.

Papaver rhoeas

OREGANO
오레가노
Origanum vulgare

관목 덤불이 우거진 풀밭을 지나가다 문득 그리스 섬을 떠올리게 하는 향을 맡아본 적이 있는가? 지중해의 여름 더위를 연상케 하는 그 향의 정체는 바로 오레가노다. 좀 더 서늘한 기후대에서는 집에서 방향식물로 기른다. 마트에 파는 오레가노는 여러 품종이 섞인 것도 더러 있는데, 그보다는 야생에서 얻은 오레가노가 훨씬 풍미가 좋다. 잎, 줄기, 예쁜 분홍색 꽃은 음료, 요리, 베이킹에 활용할 수 있다. 신선한 상태 그대로도 괜찮고 말려서 사용하기도 한다. 정원에서는 스쳐 지나갈 때마다 향기를 내뿜고, 벌과 다른 꽃가루 매개자를 유혹한다. 그리고 피자를 먹을 때가 됐음을 일깨워준다.

해부학 노트

꽃 | 오레가노 꽃과 잎으로 만든 차는 감기와 인후염 완화에 도움이 된다. 홉이 인기를 끌기 전에는 맥주 맛을 내는 데 오레가노 꽃을 사용하기도 했다. 오레가노의 쌉싸름한 맛이 잡내를 효과적으로 가려주었다. 또 오레가노 때문에 더 빨리 취한다고 여겼다.

줄기 | 오레가노 줄기에서 짙은 갈색 내지 검은색의 천연염료를 얻을 수 있다. 고대 그리스에서는 무덤에 자라는 오레가노를 죽은 사람이 사후 세계에 만족한다는 의미로 받아들였다.

식물학자의 레시피

케이크 | 새콤달콤한 맛을 더욱 돋워주는 오레가노 덕분에 레몬 드리즐 케이크의 깊은 풍미가 살아난다. 부드러운 버터 250g과 입자가 고운 정제 설탕 250g을 섞어 크림처럼 만든다. 달걀 4개를 풀어 조금씩 넣으며 섞어준다. 베이킹파우더가 든 밀가루 250g을 체에 걸러 넣고, 레몬 제스트, 잘게 썬 오레가노, 바닐라 에센스 2방울과 함께 섞어준다. 케이크 팬에 기름을 바르거나 유산지를 깔고 혼합물을 붓는다. 180℃에어프라이어에서는 160℃로 예열된 오븐에서 45분간, 또는 꼬치를 찔러 넣었을 때 반죽이 묻어 나오지 않을 때까지 굽는다. 식힌 다음 군데군데 포크로 찌르고 정제 설탕 70g을 섞은 레몬즙을 뿌린다. 오레가노 꽃으로 장식하여 낸다.

기본 정보

별칭 | 야생 마조람(wild marjoram)
과명 | 꿀풀과(Lamiaceae)
도시 서식지 | 건조하고 양지바른 길가, 관목 덤불, 풀밭, 황무지
높이 | 70cm
개화 | 7월~9월
용도 | 잎과 꽃을 식용
재배 | 봄에 씨를 뿌린다.
수확 | 봄부터 가을까지 잎을 따고, 여름에 꽃을 딴다.

Origanum vulgare

MALLOW

당아욱

Malva sylvestris

당아욱은 키가 크게 자라는 식물로, 도롯가에서 자동차가 지나갈 때마다 손바닥만 한 잎들을 흔들고, 보랏빛 줄무늬가 있는 분홍색 꽃을 끄덕이며 인사한다. 또한 이 식물은 쓰임새가 매우 다양하다. 꽃, 씨앗, 잎, 뿌리는 모두 식물 채집꾼의 식탁에 오른다. 게다가 젤 같은 점액질 물질이 나와 비록 녹색이긴 해도 비건 요리에서 달걀을 대체하는 재료로 사용할 수 있다. 약초학자들은 이것을 치료용 연고와 습포제를 만드는 데 사용했다. 쓰임새 많은 당아욱은 씨를 많이 퍼뜨리며 왕성하게 자라므로 뒤뜰에서도 쉽게 찾아볼 수 있다.

해부학 노트

씨앗 | 아이스하키 퍽puck 모양의 씨 꼬투리 또는 견과는 작은 치즈같이 보인다. 그래서 당아욱의 다른 이름 중 하나가 치즈다. 몸에 좋은 지방산이 가득해 간편한 간식으로 활용할 수 있다. 씨앗과 잎을 우린 차는 염증을 가라앉힌다.

잎 | 봄철 어린잎을 먹을 수 있다. 철분이 풍부하며 수프를 걸쭉하게 만들기에 그만이다. 타박상이나 쿡쿡 쑤시는 부위에 사용하는 습포제로도 유용하다. 야생에서 갑자기 뒤가 마려울 때, 이보다 더 부드러운 잎도 없을 것이다.

줄기 | 줄기는 끈, 종이, 직물로 만들 정도로 섬유질이 풍부하다.

꽃 | 생화는 샐러드에 약간의 색을 더해주며, 꽃봉오리는 케이퍼처럼 절여 먹을 수 있다. 꽃잎에서 추출한 팅크는 알칼리 성분에 의해 보라색에서 녹색으로 바뀐다.

뿌리 | 뿌리는 중국 요리에서 인기가 있으며, 특히 국물 있는 요리와 육수에 넣어 즐긴다.

기본 정보

별칭 | 치즈(cheeses), 커먼 멜로(common mallow)

과명 | 아욱과(Malvaceae)

도시 서식지 | 도로변 풀밭, 황무지

높이 | 1.5m

개화 | 6월~9월

용도 | 씨앗, 꽃, 잎을 식용

재배 | 가을에 씨를 뿌린다.

수확 | 봄에 잎을 따고, 여름에 꽃을 딴다.

식물학자의 레시피

마시멜로 | 요즘 과자점에서 파는 마시멜로에는 그 이름의 유래가 된 식물인 마시멜로*Althaea officinalis*가 예전처럼 함유되어 있지 않다. 하지만 사촌지간인 당아욱으로 아주 맛있는 캠핑 별미를 만들 수 있다. 껍질을 벗긴 씨앗이나 짓이긴 잎을 두 배 정도 되는 양의 물에 넣고 끓인다. 걸러낸 액체를 잘 저어 미리 풀어둔 달걀에 설탕 35g과 함께 넣는다. 오븐 트레이에 부어 160°C에어프라이어에서는 140°C에서 20분간 굽는다.

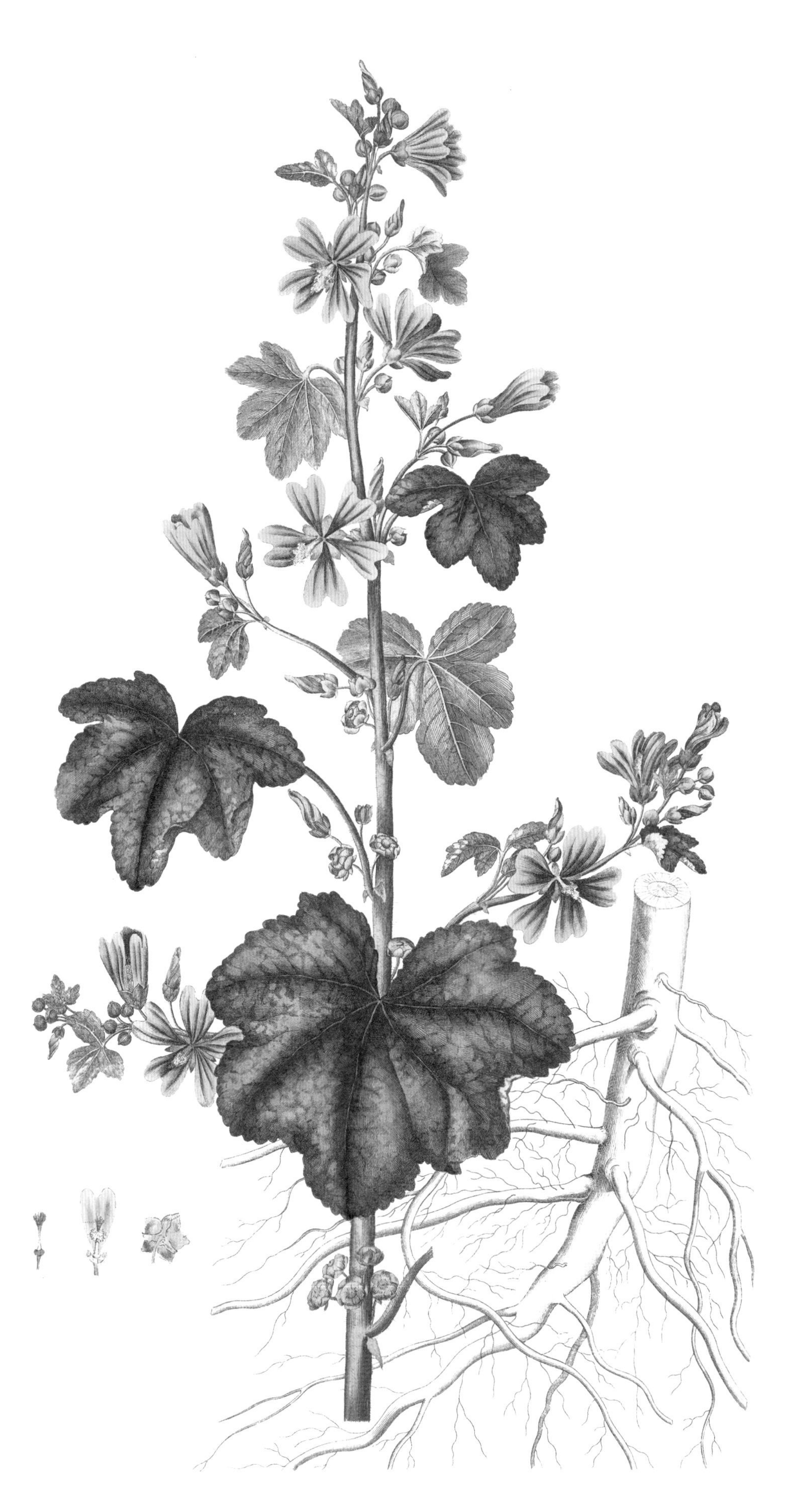

Malva sylvestris

MEADOWSWEET

느릅터리풀

Filipendula ulmaria

여름철 느릅터리풀의 크림색 꽃들은 잔을 넘쳐흐르는 샴페인 거품처럼 낮은 담을 넘어 경쾌하게 방울방울 피어난다. 실제로 맥주, 벌꿀 술, 와인, 샴페인의 맛을 내는 데 오랫동안 사용했던 식물다운 모습이다. 전통적으로 속쓰림을 다스리는 데 사용해온 느릅터리풀은 그렇다고 술꾼만을 위한 것은 아니다. 아몬드 향이 가미된 은은한 바닐라 향이 나는 화려한 꽃들은 튀김이나 달콤한 시럽으로 만들 수 있다. 또는 간단한 꽃꽂이로 집 안을 장식하고 향을 즐길 수도 있다.

해부학 노트

잎 | 말린 잎은 차와 음료에 설탕 대신 감미료로 사용할 수 있다.

꽃 | 아스피린의 중요한 성분인 살리실산을 함유한 느릅터리풀 꽃 차는 약한 진통제로 작용하며, 열과 통풍을 포함한 많은 질병에 처방된다. 엘리자베스 1세 여왕은 느릅터리풀 꽃을 주변에 흩뿌려놓길 좋아했는데, 차가운 바닥에 꽃을 흩뿌려놓으면 집 안이 사랑스러운 향기로 가득 차고 발을 따뜻하게 유지하는 데 도움이 된다.

뿌리 | 뿌리를 벗겨 씹으면 두통을 완화할 수 있다. 구리와 섞으면 검은 염료를 얻을 수 있다.

식물학자의 레시피

샴페인 | 엄밀히 말하면 샴페인은 아니지만, 여름에 어울리는 이 청량음료는 그림자가 길어지는 포근한 저녁 무렵 시원하게 즐기기에 완벽하다. 알코올 도수가 낮은데, 약간 센 것을 원하면 진을 넣어도 된다. 느릅터리풀 꽃 12송이를 물 3L에 넣고 15분간 끓인 후 액체를 걸러내고 꽃은 제거한다. 설탕 400g, 타르타르 크림 12g을 넣고 녹을 때까지 끓인 다음 멸균된 양조기에 붓고 양조효모나 샴페인 효모를 약간 넣은 후 식힌다. 뚜껑을 덮고 시원한 곳에서 일주일 동안 발효시킨다. 용기가 폭발하는 사태를 방지하려면 어느 정도 안정이 된 후 병에 옮겨 담는다. 서늘하고 건조한 곳에 보관해두고 일주일 정도 더 기다렸다 마신다. 몇 주 정도를 기다리면 더욱 좋다.

기본 정보

별칭 | 초원의 여왕(queen-of-the-meadow), 미드워트(meadwort)

과명 | 장미과(Rosaceae)

도시 서식지 | 축축한 초지대

높이 | 1m

개화 | 6월~8월

용도 | 양조용 꽃, 감미료를 위한 잎

재배 | 봄에 씨를 뿌린다.

수확 | 7월에 꽃을 딴다.

Filipendula ulmaria

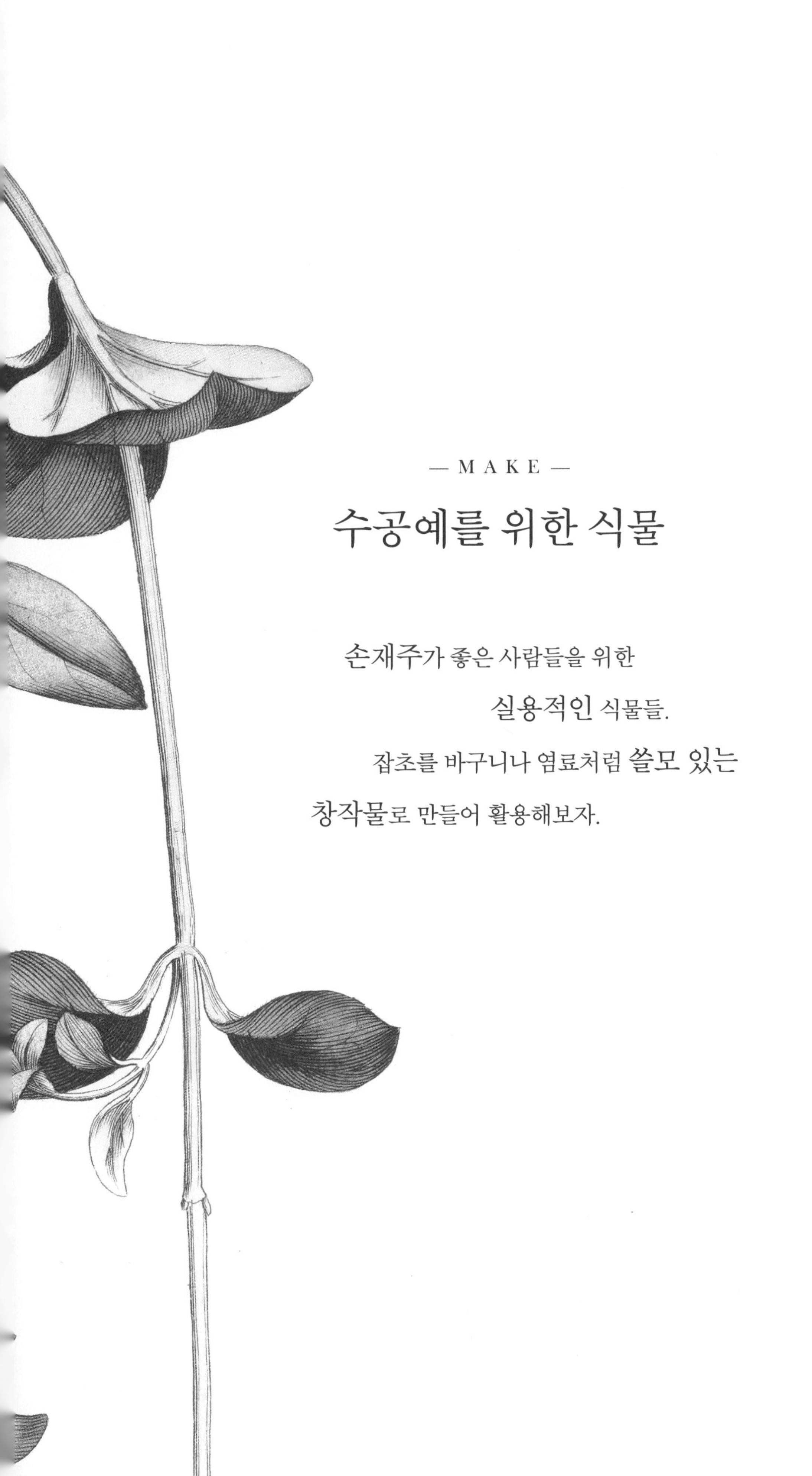

— MAKE —

수공예를 위한 식물

손재주가 좋은 사람들을 위한
실용적인 식물들.
잡초를 바구니나 염료처럼 쓸모 있는
창작물로 만들어 활용해보자.

GREATER PERIWINKLE

큰잎빈카

Vinca major

공원의 아름드리나무 그늘에서 푸른 별 모양으로 반짝이며 사람들을 맞이하는 것이 있다면 큰잎빈카의 꽃일지도 모른다. 큰잎빈카는 건조한 그늘에서 자라며 1년 내내 무성한 잎을 유지하는 상록 지피식물로 도시 정원에 수요가 많다. 단, 근처에 함께 자라는 다른 식물의 성장을 방해하지 않도록 요령껏 관리할 필요가 있다. 독성이 있어서 샐러드용으로는 적합하지 않지만, 길고 유연한 줄기는 직조용 끈이나 줄을 만들기에 유용하다.

해부학 노트

꽃 | 커다란 별 같은 느낌을 원한다면 흰색 꽃이 피는 '알바Alba' 품종이 좋다. 큰잎빈카의 꽃은 색깔과 상관없이 정원에 꽃가루 매개자들을 불러 모은다.

잎 | '바리에가타Variegata' 품종은 잎 가장자리가 연한 황금색이다. 천천히 자라므로 작은 화단에서 관리하며 키우기에 좋다. 과거 약초학자들은 큰잎빈카 잎을 설사약이나 치핵과 피부 질환을 다스리는 데 사용했다. 그러나 지금은 사용하지 않는다.

줄기 | 줄기는 지면을 넓게 덮으며 자란다. 줄기 마디에서 새 뿌리가 나고 잎이 자라 주변 식물들과의 경쟁에서 우위를 점한다.

식물학자의 수공예

직조 | 끈을 만들기에 제격인 큰잎빈카의 기다란 줄기로 바구니와 마크라메매듭 공예 화분걸이를 엮을 수 있다. 긴 줄기를 한 움큼 모아 잎들을 떼어내면 모든 준비가 끝난다. 무엇을 엮든 간에 줄기가 말라감에 따라 팽팽해지면서 튼튼한 완성품이 될 것이다.

기본 정보

별칭 | 그레이브 머틀(grave myrtle)

과명 | 협죽도과(Apocynaceae)

도시 서식지 | 나무나 울타리 아래 그늘진 곳

높이 | 20cm

길이 | 2.5m

개화 | 4월~6월

용도 | 관상용, 직조 및 바구니 제작

재배 | 가을에 식물 구매

수확 | 필요에 따라 긴 줄기를 자른다.

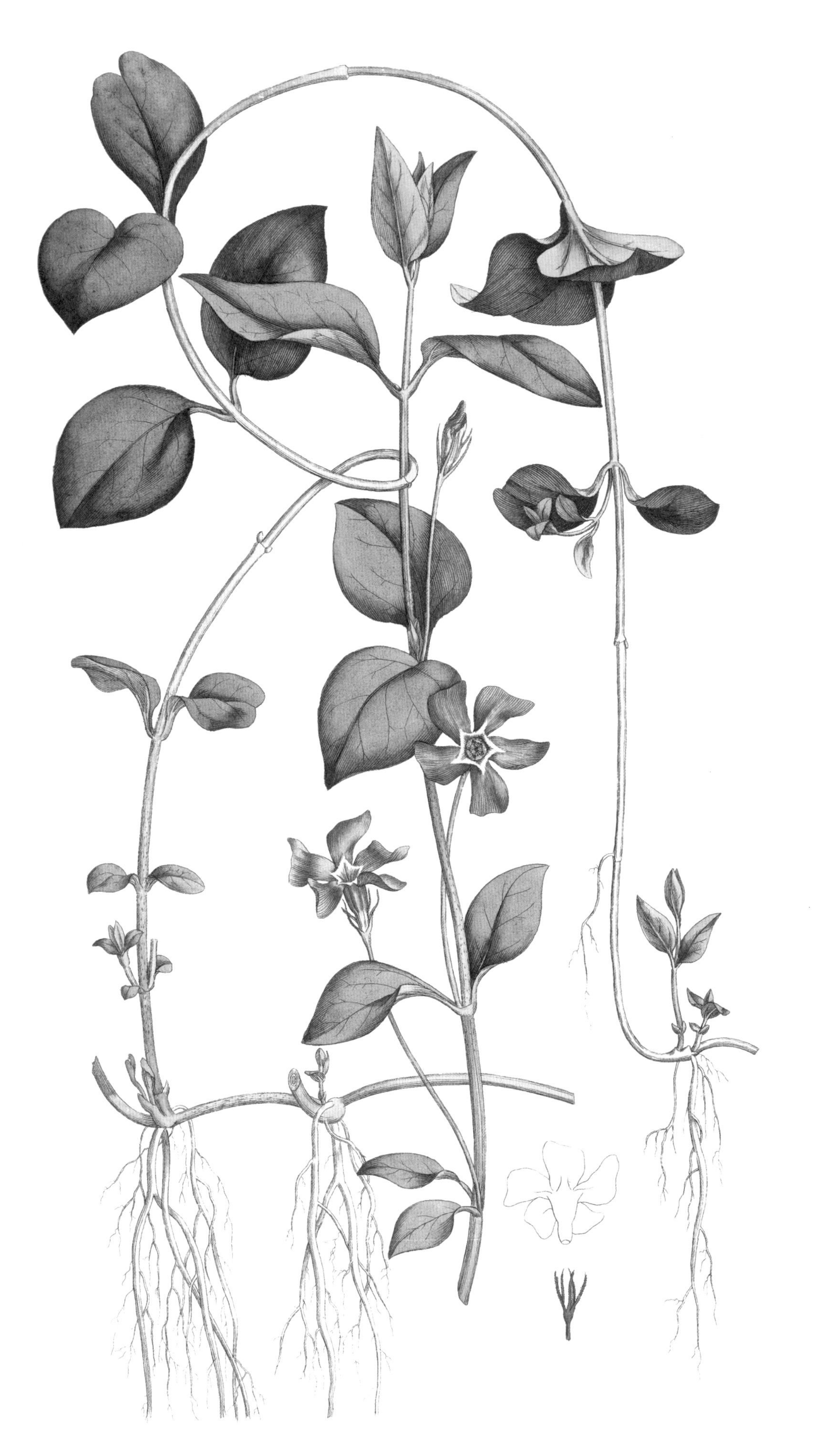

Vinca major

YELLOW FLAG

노랑꽃창포

Iris pseudacorus

가장 낮은 배수로까지 아름답게 장식하는 노랑꽃창포는 왕실 깃발처럼 커다랗고 선명한 꽃을 흔들며 물가에 당당히 서 있다. 사실 이 식물은 플뢰르 드 리스fleur de lis, 즉 프랑스 왕가를 상징하는 문장紋章에 등장한다. 노랑꽃창포는 시선을 사로잡을 뿐 아니라 하천의 독성 중금속을 제거하는 역할부터 즉석 장난감 배를 만드는 데까지 다양한 용도로 쓰이고 있다. 잎, 꽃, 뿌리로 생생한 천연염료와 잉크를 만들어내는 재미가 있다. 연못이 없다면 수조에서 쉽게 재배할 수 있다. 어느 정원에서든 꿀벌이 날아들게 하고 위풍당당한 왕실 분위기를 느끼게 해준다.

해부학 노트

씨앗 | 독일 점령하의 저지섬 사람들이 그랬던 것처럼, 씨앗을 볶아서 카페인 없는 커피로 대용할 수 있다.

꽃 | 노랑꽃창포의 꽃은 하루 동안 다른 어떤 영국 꽃보다 꿀을 많이 생산해서 꿀벌들에게 많은 사랑을 받는다.

잎 | 아이들은 노랑꽃창포의 잎끝을 구부려 잎의 절반쯤 틈에 끼워서 장난감 돛단배 만들기를 좋아한다. 뚫고 나온 잎끝은 용골 역할, 고리 모양은 돛이다.

뿌리 | 연구에 따르면, 노랑꽃창포 뿌리는 수질 개선에 크게 도움이 된다. 중금속을 흡수하여 독소의 96%를 제거한다고 한다. 물속에 있는 뿌리줄기는 워낙 빠르게 증식해서 어떤 지역에서는 노랑꽃창포를 침입성 잡초로 간주한다. 하지만 수중 바구니에 넣어 재배하면서 주기적으로 뿌리나눔을 해주면 확산을 제한할 수 있다.

기본 정보

별칭 | 대거스(daggers), 옐로 아이리스(yellow iris)
과명 | 붓꽃과(Iridaceae)
도시 서식지 | 물가
높이 | 1.2m
개화 | 5월~7월
용도 | 직물 염료와 잉크
재배 | 여름에 식물을 구매해 얕은 물에 심는다.
수확 | 봄에 뿌리를 캐고, 여름에 잎과 꽃을 채취한다.

식물학자의 수공예

직물 염색 | 노랑꽃창포에서 세 가지 색 염료를 얻을 수 있다. 꽃에서 노란색, 잎에서 녹색, 뿌리에서 검은색을 얻을 수 있는데, 모두 스코틀랜드 웨스턴아일스의 유명한 직물인 해리스 트위드Harris Tweed를 만드는 데 사용해왔다. 노랑꽃창포 잎을 잘게 찢거나 뿌리를 으깬 식물 재료를 냄비에 넣고 물을 붓는다. 탈색되어 보일 때까지 30분 정도 끓인다. 체에 거른 후 직물에 색이 잘 고착되게 해주는 매염제를 넣어 녹인다. 예를 들어 모직물을 염색하려면 백반명반을 넣는다. 준비된 염료에 직물을 넣고 20~30분 동안 끓인다.

At once beautiful, delicate,
and singularly curious

W. Curtis

Iris pseudacorus

WILD THYME

서양백리향

Thymus serpyllum

크기는 작지만 회복력은 강한 서양백리향은 도로변 서식지에서 발밑에 밟히는 모욕을 견뎌내며 땅을 꼭 붙잡고 살아간다. 그러다가 여름철이면 부엌에서 익숙하게 맡을 수 있는 진한 향기와 함께 연보라색 꽃들이 카펫을 깔아놓은 듯 펼쳐지며 생명력을 과시한다. 전형적인 도시 정원의 척박한 토양과 더위에도 잘 자라는 훌륭한 식물이다. 또한 발코니 화분에도 심어 기를 수 있는데, 사철 푸른 잎들은 저녁 식사를 준비하다가 바로 따서 이용하기에 아주 좋다. 꽃은 꿀벌 같은 꽃가루 매개 곤충들에게도 매력적이며, 말려서 옷장에 넣어두면 원치 않는 옷좀나방을 쫓아낼 수 있다.

해부학 노트

꽃 | 아주 작은 분홍색 꽃이 아름답긴 한데, 작은 꽃다발을 만들 만큼만 골라 꺾기도 어렵다. 그런데도 빅토리아 시대 사람들은 건강과 행복 등 여러 의미를 담아 이 꽃을 선물했다.

잎 | 야생 서양백리향 잎은 오랫동안 다양한 약초 요법에 사용되었다. 살균 효능이 있어 기침과 인후통을 가라앉히는 데 효과가 있다. 때때로 상업적으로 시판되는 기침약이나 구강 세정제에도 등장한다. 집에서 간단히 차로 만들어도 효능이 있으며, 방향유에센셜 오일는 비누와 피부 관리 제품에 이용된다. 에드워드 시대 사람들은 잔디밭에 온통 야생 서양백리향을 심어서 그 옆을 걸어 다닐 때마다 풍기는 향기로운 냄새를 즐겼다.

기본 정보

별칭 | 크리핑 타임(creeping thyme)
과명 | 꿀풀과(Lamiaceae)
도시 서식지 | 건조하고 돌이 많은 땅, 도로변
높이 | 5cm
개화 | 7월~8월
용도 | 식용 허브, 나방 퇴치제
재배 | 봄에 씨를 뿌린다.
수확 | 초여름에 포기 째로 수확하여 말린 후 연중 사용

식물학자의 수공예

나방 퇴치용 향주머니 | 야생 서양백리향을 잘 말려 주머니에 담아 서랍장에 넣어두면 값비싼 캐시미어와 모직 의류가 좀먹는 것을 막을 수 있다. 7월에 잎과 꽃을 수확하여 햇볕에 말린다. 또는 개방된 오븐에서 가장 낮은 온도로 6시간 정도 말린다. 30cm×10cm 크기의 솜을 반으로 접어 3면을 꿰매어 15cm×10cm 크기의 직사각형으로 만든다. 말려둔 서양백리향을 주머니에 채우고 리본으로 묶는다. 4개월마다 내용물을 교체한다.

Thymus serpyllum

HEDGE BINDWEED

큰메꽃

Calystegia sepium

어떤 사람에게는 잡초인 식물이 다른 사람에겐 야생화가 될 수도 있다. 하지만 거의 모든 사람이 큰메꽃에 대해서는 잡초라고 입을 모은다. 정원에서 뿌리 뽑기 어렵기로 악명 높은 이 식물은 뿌리의 작은 조각만 있어도 번식할 수 있고, 씨앗은 30년 동안 싹을 틔우지 않고 때를 기다릴 수도 있다. 다른 식물체를 빠르게 감고 오르면서 빛을 차지하고 결국에는 그 식물을 질식시킨다. 그러나 큰메꽃이 정원사들을 마음고생시킬지는 몰라도 순백의 나팔 모양 꽃은 곤충들에게 풍부한 먹이 공급원이 되어준다. 큰메꽃의 억센 줄기를 가지고 즉석에서 훌륭한 끈을 만들 수도 있는데, 장미를 휘감은 그 줄기들을 풀어내느라 들인 시간에 대한 작은 보상이다.

해부학 노트

씨앗 | 씨앗은 강력한 환각제 LSD와 관련 있는 성분을 함유하고 있지만, 몇 시간이나 심한 메스꺼움이 동반되는 탓에 전문 감식관조차도 이것을 주요 환각제로 여기지 않는다.

줄기 | 찰스 다윈은 큰메꽃이 시계 반대 방향으로만 감고 올라가며, 다른 식물 주위를 1시간 42분마다 두 바퀴 도는 것을 관찰했다.

꽃 | 아이들은 큰메꽃으로 하는 전통 놀이를 좋아한다. "할머니, 할머니, 침대에서 나오세요!" 하고 말하면서 꽃의 초록색 꽃받침을 꾹 눌러 꽃부리가 튀어나오도록 하는 것이다. 지역마다 다양한 운율이 있다.

뿌리 | 전분이 많은 뿌리를 삶아서 먹을 수 있는데 완하제 효능이 있어 속을 편하게 해준다.

기본 정보

별칭 | 로프위드(ropeweed), 악마의 덩굴(devil's vine)
과명 | 메꽃과(Convolvulaceae)
도시 서식지 | 정원, 길가, 울타리, 황무지
높이 | 3m
개화 | 7월~9월
용도 | 줄, 기근 작물
재배 | 권장하지 않는다.
수확 | 필요에 따라 채취한다.

식물학자의 수공예

끈 | 큰메꽃의 줄기를 잘라 잎을 떼어내면 즉석에서 바로 사용할 수 있는 끈이 된다. 하루 동안 햇볕에 줄기를 말려서 꼬면 직조 공예에 적합한 튼튼한 끈을 만들 수 있다.

Calystegia sepium

SOAPWORT

비누풀

Saponaria officinalis

더러운 배수로를 따라 피어나는 비누풀의 화사한 분홍색 꽃은 가장 지저분한 도시 풍광조차도 환하게 밝혀준다. 자연에서 손꼽히게 쓸모 있는 야생식물 중 하나인 비누풀의 기능은 아주 명확하다. 비누처럼 물에 거품을 내는 사포닌이 가득해 의류, 머리카락, 피부, 그 밖의 모든 것에 쓸 수 있는 천연 세제다. 비누풀의 최대 장점은 매우 순하면서 상업용 비누에 첨가된 인공 기포제 걱정을 하지 않아도 된다는 점이다. 어찌나 순한지, 오래전에는 바이외 태피스트리Bayeux Tapestry*와 토리노의 수의Shroud of Turin**를 세척하는 데 사용하기도 했다.

해부학 노트

꽃 | 꽃가루받이를 도와주는 야행성 나방을 끌어들이기 위해 밤에 대부분의 꿀을 생산한다.

잎 | 뿌리뿐 아니라 잎으로도 세제를 만들 수 있다. 비누풀은 수 세기 동안 직물 제조에 중요한 재료였다. 양털을 깎기 전에 털을 세척하고, 모직물 가공 직공인 풀러fuller, 축융공가 양털을 겹쳐서 모직물을 만들며, 이후 모직물을 세탁하는 과정 모두에 비누풀이 쓰였다. 이런 쓰임새가 비누풀의 다른 이름들에 일부 반영되었다. 가령 로마인은 허바 라나리아herba lanaria라 불렀는데, 양모 허브라는 뜻이다. 그 밖에 풀러의 허브fuller's herb, 세탁부를 뜻하는 옛말인 바운싱 베트bouncing Bet라고 불리기도 했다. 한편, 약초학자들은 피부 가려움증을 완화하기 위해 잎을 사용한다.

뿌리 | 사포닌은 뿌리에 특히 많으며, 가을에 수확할 때 효능이 가장 좋다. 사포닌이 점막을 자극할 수 있지만, 가공한 뿌리 추출물을 첨가해 식품을 만들기도 한다. 중동에서 널리 사용하는 참깨 소스 타히니tahini, 참깻가루와 꿀을 섞어 이산화탄소로 부풀린 튀르키예의 과자 할바halva가 대표적이다.

기본 정보

별칭 | 풀러의 허브(fuller's herb), 바운싱 베트(bouncing Bet)

과명 | 석죽과(Caryophyllaceae)

도시 서식지 | 시냇가, 도로변

높이 | 80cm

개화 | 7월~9월

용도 | 비누, 세제

재배 | 봄에 씨를 뿌린다.

수확 | 가을에 뿌리를 채취하고, 말려서 연중 사용할 수 있다.

식물학자의 수공예

샴푸 | 상업용 샴푸로 머리를 감을 때처럼 풍부한 거품을 기대하면 안 된다. 하지만 화학 성분이 없으며, 부드럽고 순해서 머리카락에 상쾌한 느낌을 주고, 몇 번 사용한 후에는 윤기가 난다. 신선한 뿌리나 말린 뿌리를 사용할 수 있는데, 향기 나는 식물을 섞어 넣어도 된다. 깨끗하게 씻어 갈아낸 신선한 비누풀 3큰술, 또는 말린 뿌리 가루 1큰술을 냄비에 넣고 취향에 따라 방향식물을 첨가한다. 물 230mL를 넣고 15분간 끓인다. 식힌 다음 체에 걸러 병에 담는다.

*1066년에 일어난 노르만인의 잉글랜드 정복 이야기를 그림으로 표현한 자수 작품으로, 11세기의 복장과 무기, 풍습 등을 알 수 있는 중요한 사료다. 2007년 유네스코 세계기록유산으로 등록되었으며, 프랑스의 바이외 태피스트리 박물관에 전시되어 있다.

**예수의 시신을 감쌌던 수의로 알려진 긴 천으로, 이탈리아의 토리노 대성당에 보관되어 있다.

Saponaria officinalis

TRAVELLER'S JOY

클레마티스 비탈바

Clematis vitalba

한겨울 가장 헐벗은 풍경에서도 클레마티스 비탈바는 눈길을 붙든다. 다른 식물들이 모두 잎을 떨구고 난 후 철망 울타리에 엮여 있는 클레마티스 비탈바의 깃털 같은 씨앗 뭉치가 도로변을 장식한다. 크기도 제법 커서 마치 크리스마스 축제용 스노볼 장식 같기도 한데, 알고 보면 이것들은 늦여름부터 그 자리에 있었고 봄까지 볼거리를 제공한다. 그런데 클레마티스 비탈바는 그저 보기 좋은 솜털 뭉치가 아니다. 그보다 훨씬 쓸모 있다. 감고 올라가는 긴 줄기는 적어도 철기 시대부터 밧줄과 바구니를 만드는 데 쓰였다. 꽃과 씨앗은 수많은 새와 곤충에게 먹이를 제공한다. 진정 기쁨을 주는 식물이다.

해부학 노트

꽃 | 꽃에서는 은은한 바닐라 향이 난다. 꽃의 암술대가 촉수처럼 길어질 때 굉장히 멋진 모습을 연출한다. 낮에는 벌과 꽃등에가 이 꽃을 즐기고, 밤에는 다양한 나방이 찾아온다.

줄기 | 어린순은 피스틱pistic*이나 프레부기운prebuggiùn** 같은 이탈리아 전통 야생 허브 요리에 사용된다. 줄기는 불이 붙지 않은 채 서서히 타기 때문에 말린 후 담배처럼 피울 수 있어 옛 사람들의 기호품이기도 했다. 일부 지역에서는 침입종이 되어 다른 나무를 비롯한 식물들을 줄기로 감아 질식시킨다.

씨앗 | 노인의 흰 수염을 닮은 씨앗 뭉치의 솜털 부분은 씨앗이 바람에 잘 날아가도록 돕는다. 겨울 동안 많은 새들의 먹이 공급원이 된다.

기본 정보

별칭 | 노인의 흰 수염 (old man's beard)

과명 | 미나리아재비과 (Ranunculaceae)

도시 서식지 | 도로변, 나무와 울타리 관목

높이 | 15m

개화 | 7월~9월

용도 | 바구니 엮기, 어린순은 식용 가능

재배 | 봄에 씨를 뿌린다.

수확 | 겨울에 줄기 채취

식물학자의 수공예

바구니 엮기 | 클레마티스 비탈바의 유연한 줄기는 굵기가 다양해 무언가를 엮기에 딱 좋다. 바구니는 구조상 날대 역할을 할 튼튼한 줄기가 필요하고, 몸체를 이루는 사릿대로는 더 가는 줄기들을 쓴다. 모두 겨울에 채취하면 가장 좋다. 70cm 길이의 굵은 줄기 4개를 가운데 부분에서 교차시키면서 같은 방향으로 구부려 뼈대를 만든다. 그중 하나는 반대편 끝 쪽으로 구부려 손잡이로 만들 수도 있는데, 그러려면 더 긴 줄기로 준비한다. 날대 중 하나를 밑부분에서 잘라 날대의 수를 홀수로 만든다. 이것은 사릿대를 한 층 한 층 위로 엮어갈 때 서로 엇갈리며 엮이도록 하기 위해서다. 사릿대의 굵기를 점차 늘려가고, 날대의 끝을 자르고 묶어 마무리한다.

*이탈리아 프리울리 지방의 전통 음식으로, 56종의 야생 풀과 나무를 넣고 끓인 다음 볶아 만든다.

**이탈리아 리비에라 지방의 전통 음식으로, 야생 허브류의 순수한 맛과 향을 즐길 수 있는 다양한 조리법이 있다.

*It is often made use of for
arbours and bowers in gardens
and pleasure-grounds*

W. Curtis

Clematis vitalba

DOG ROSE

개장미

Rosa canina

빅토리아 시대 사람들에게 향기로운 분홍색 개장미 꽃을 선물하는 것은 즐거움과 고통이 혼합된 메시지를 전하는 일이었다. 그만큼 모순된 이미지를 지닌 야생 장미인 까닭이다. 꽃은 향기로울지 몰라도 불굴의 줄기는 앞을 가로막는 무엇이든 타고 올라가며 자란다. 가시에 쉽게 긁히고 상처를 입을 수 있으나 영양소가 풍부한 열매인 로즈힙rosehip은 피부 관리 제품에 널리 쓰인다. 로즈힙은 맛도 좋아서 케이크, 타르트, 잼, 와인, 시럽에 넣어 즐기기에 좋다. 또한 비타민 C가 풍부해 감귤류 등 과일이 부족했던 전시 상황에서 괴혈병을 치료하기 위해 사용했다.

해부학 노트

꽃 | 꽃봉오리와 꽃잎은 보기만큼 맛이 좋다. 물에 담그면 요리와 향수 제조를 위한 향기로운 향료가 나온다. 가을에 로즈힙을 수확하려면 꽃을 다 따지 말고 일부는 그대로 남겨둔다.

열매 | 기원전 2000년경부터 식용으로 사용한 로즈힙은 주방에서 다용도로 활용할 수 있다. 하지만 목을 자극할 수도 있는 작은 털들은 걸러내야 한다. 로즈힙 오일에 든 항산화 물질은 피부에 좋다.

줄기 | 꺾꽂이를 하려면 가을에 잎이 진 뒤 연필 굵기만 한 줄기를 30cm 정도 길이로 잘라, 위로 10cm 정도 남겨두고 땅속에 찔러 넣는다. 줄기의 눈 바로 밑을 자르는 것이 요령이다. 꺾꽂이 후 이듬해 가을까지 자라게 두면 새로운 개체를 얻을 수 있다. 줄기의 가시는 개의 이빨처럼 아래쪽으로 굽어 있는데 위쪽으로 자라면서 다른 식물을 붙잡는다. 이 가시들은 외표피 세포층이 변형된 피침으로, 잎줄기가 변형된 엽침과는 다르다.

기본 정보

별칭 | 마녀의 들장미 (witches'briar)

과명 | 장미과(Rosaceae)

도시 서식지 | 도로변, 울타리, 길가, 덤불숲

높이 | 5m

개화 | 5월~8월

용도 | 피부 관리용, 식용

재배 | 가을에 꺾꽂이용 줄기를 채취한다.

수확 | 여름에 꽃잎을 따고, 가을에 로즈힙을 수확한다.

식물학자의 수공예

스킨 오일 | 잘 씻어 으깬 로즈힙과 아몬드유 같은 기름을 1:2 비율로 오븐 용기에 담는다. 개방된 오븐에서 가장 낮은 온도로 설정하여 로즈힙 오일이 우러나고 모든 수분이 날아갈 때까지 4~8시간 정도 가열한다. 모슬린 주머니로 걸러 자극적인 털을 모두 제거한 후 살균된 용기에 붓는다.

Rosa canina

— GROW —

기르기 좋은 식물

정원과 발코니, 혹은 창가 화단에

기르기 쉬운 풀과 야생화를 심어

들판의 아름다움을 집에서 즐겨보자.

SNAKE'S HEAD FRITILLARY

사두패모

Fritillaria meleagris

종 모양에 자주색 뱀 무늬를 띤 사두패모 꽃은 언뜻 고개 숙인 문상객들처럼 침울해 보일 수도 있지만, 사실 이 독특한 꽃만큼 기운을 북돋는 야생화도 드물다. 도시의 훼손되지 않은 풀밭 한구석에 자라고 있는 사두패모를 발견한다면 행운이다. 그런데 꼭 운에 맡겨야 할까? 이국적인 체크무늬가 돋보이는 이 꽃은 집에서도 기를 수 있고, 최소한의 야외 공간만 있어도 즐길 수 있다. 화단이나 크고 작은 화분 모두에서 잘 자라는데, 봄철 창가 화단을 깜짝 놀랄 만큼 아름답게 장식해준다.

해부학 노트

꽃 | 개화 직전에 가장 뱀 같은 모습인데, 똬리를 틀고 공격할 태세를 갖춘 뱀 머리와 똑같이 생겼다. 심지어 안쪽의 수술도 끝이 두 갈래로 갈라져 있어 뱀의 혀와 비슷하다. 그런데 이 식물의 종명인 멜레아그리스*meleagris*는 라틴어로 호로새를 뜻한다. 사두패모 꽃의 얼룩덜룩한 무늬가 호로새의 깃털을 닮았기 때문이다.

줄기 | 처음에는 줄기가 아래쪽으로 처져 있는데, 비가 내릴 때 꽃잎으로 생식기관인 꽃술을 보호하기 위해서다. 꽃가루받이가 이루어지고 나면 줄기는 다시 허리를 곧게 펴고, 씨 꼬투리가 높이 서서 바람을 맞아 씨앗들이 흩어져 퍼지게 한다.

잎 | 한 개체의 잎은 해마다 커지므로 잎을 보면 그 식물이 얼마나 오래되었는지 쉽게 알 수 있다. 잎들은 씨 꼬투리가 성숙하자마자 시들어 감상할 수 있는 시기가 매우 짧다.

알뿌리 | 알뿌리는 독성이 상당히 강해서 먹으면 구토와 심장 마비를 일으킬 수도 있다.

기본 정보

별칭 | 체크무늬 수선화(chequered daffodil), 죽은 자의 종(dead man's bell), 암컷 뿔닭 꽃(guinea-hen flower)
과명 | 백합과(Liliaceae)
도시 서식지 | 길가, 훼손되지 않은 초지대
높이 | 30cm
개화 | 3월~5월
용도 | 관상용, 꽃다발, 꽃꽂이
재배 | 가을에 알뿌리 식재
수확 | 봄에 꽃을 수확한다.

식물학자의 팁

가을에 알뿌리를 구매한 후 가능한 한 빨리 땅에 심는다. 통통하고 하얀 알뿌리를 고르는 게 요령이다. 눈부신 흰색 꽃이 피는 흰꽃사두패모*Fritillaria meleagris* var. *unicolor* subvar. *alba*와 함께 심어 대비 효과를 내는 것도 좋다.

Fritillaria meleagris

COW PARSLEY

전호

Anthriscus sylvestris

늦봄부터 도롯가에 전호 꽃들이 거품처럼 피어오르면 여름 더위가 다가오고 있다는 확실한 신호다. 눈부시게 하얀 산형꽃차례에서 작고 하얀 꽃 뭉치들이 불꽃놀이하듯 피어나는 모습은 도시 전역의 방치된 풀밭에서 볼 수 있는 광경이다. 그렇게 널리 퍼져 있다고 해서 정원에 심지 못할 이유는 없다. 전호는 화단에 야생의 매력을 더하고, 이른 봄 다양한 곤충들에게 중요한 먹이 공급원이 되어준다. 잎과 줄기는 먹을 수 있는데, 재미있게도 파슬리 맛이 난다. 그리고 직접 재배해보면, 전호의 무시무시한 사촌인 나도독미나리112쪽 참조와 혼동할 위험이 줄어든다.

해부학 노트

꽃 | 주변에 전호 꽃이 있다면, 꽃가게에서 파는 비싼 산형꽃차례의 꽃에 의지할 필요가 없다. 5월에 꽃을 꺾어 아주 멋진 봄철 부케를 만들 수 있다.

잎 | 잎과 줄기로 매력적인 황록색 염료를 만들 수 있다. 6월 무렵 건조한 날을 택해 수확하고 끓인 다음 체에 거른 액체에 천연 섬유를 담가 염색한다.

줄기 | 식용이든 염색용이든 전호를 찾고 있다면, 혹시 독미나리가 아닌지 줄기를 잘 확인해야 한다. 전호의 줄기는 녹색이며 이따금씩 분홍빛이 도는 반면, 독미나리 줄기는 반점이 있는 보라색이다. 아이들이 잘못 손대지 않도록 하기 위해, 이 식물을 집 안에 가져오면 어머니가 죽을 것이라는 이야기가 민간에 전한다. 그래서 생긴 전호의 별칭이 마더다이mother-die이다. 전호가 맞는다면 줄기 껍질을 벗겨 생으로 먹거나 버터를 발라 쪄서 먹을 수 있다. 피클을 만들어 먹어도 맛있다.

뿌리 | 뿌리는 파스닙 같은 맛이 나지만, 손이 많이 가는 것에 비해 크기가 너무 작다. 뿌리가 사마귀와 피부암에 효능이 있다는 것이 연구로 밝혀졌다.

기본 정보

별칭 | 야생 처빌(wild chervil), 마더다이(mother-die), 켁(keck)

과명 | 산형과(Apiaceae)

도시 서식지 | 도롯가, 길가, 울타리, 무성한 초지대

높이 | 1m

개화 | 4월~6월

용도 | 정원 식물, 동물 사료, 꽃다발, 염료, 잎은 식용 가능

재배 | 봄에 씨를 뿌린다.

수확 | 이른 봄에 식용 잎을 채취하고(전호가 맞는지 꼭 확인할 것), 초여름에 염료용 잎을 채취한다.

식물학자의 팁

전호는 씨앗을 아주 많이 만들어낸다. 집에서도 씨를 뿌려 야생 전호를 키울 수 있지만, 다른 멋진 품종들도 시도해볼 만하다. 전호 '레이븐스윙Ravenswing'은 줄기와 잎이 거의 검은색에 가까운 짙은 보라색이어서 거품처럼 피어나는 하얀 꽃들과 확연히 대비를 이룬다. 수명은 짧지만 한 번 심어놓으면 수많은 씨앗을 뿌리며 몇 년 동안 여름의 도래를 알릴 것이다.

Anthriscus sylvestris

HART'S TONGUE FERN

골고사리

Asplenium scolopendrium

골고사리의 주름진 녹색 잎은 수사슴hart의 혀를 닮았다. 담장과 보도블록의 균열선부터 강을 건너는 다리의 갈라진 틈새까지, 도시의 가장 축축하고 그늘진 곳에 불쑥 튀어나와 자란다. 높은 빌딩들로 그늘진 도시 정원의 어정쩡한 구석에서도 잘 자라는 만큼 도시 거주민들에게 안성맞춤이다. 실내식물로도 인기가 많은데, 뿌리를 늘 촉촉하게 유지해주어야 한다.

해부학 노트

포자 | 잎 밑면에 있는 짙은 갈색 선은 번식에 필요한 포자가 모여 있는 포자낭군이다. 그 모양이 지네를 닮아 라틴어로 지네를 뜻하는 스콜로펜드라scolopendra에서 종명이 유래했다.

잎 | 약초학자 니콜라스 컬페퍼에 따르면, 골고사리 잎으로 만든 시럽은 이질을 포함해 비장, 간, 위 질환을 개선한다고 한다. 그는 또 심장 열과 딸꾹질을 치료하는 데 골고사리 잎 증류액을 추천했는데, 그것을 기름진 머리를 감거나 화상 부위를 진정시키는 데 사용하는 사람들도 있었다. 전설에 따르면 예수가 개울가에 누워 골고사리를 베개 삼아 잠을 청했는데, 자고 일어난 후 골고사리 중심부에 두 가닥의 검은 머리카락을 남겼다고 한다. 잎의 중심이 되는 잎맥인 주맥을 잘라 열어 보면 두 개의 검은 줄이 있는데, 이것은 식물체에 수액을 운반해주는 물관이다.

기본 정보

별칭 | 번트 위드(burnt weed), 예수의 머리칼(Christ's hair)
과명 | 꼬리고사리과(Aspleniaceae)
도시 서식지 | 그늘지고 습한 곳
높이 | 30cm
개화 | 꽃이 피지 않으며, 상록성 잎은 연중 볼 수 있다.
용도 | 실내식물, 화장품, 약용
재배 | 9월에 포자를 뿌린다.
수확 | 여름

식물학자의 팁

오랫동안 정원사들이 좋아했던 식물로, 많은 품종이 개발되어 있다. 독특한 품종으로는 구불구불 주름진 노란 잎을 가진 '골든 퀸Golden Queen', 해조류처럼 생긴 너덜거리는 잎이 특징인 '라모마지나툼Ramomarginatum'이 있다.

Asplenium scolopendrium

YELLOW RATTLE

옐로래틀

Rhinanthus minor

주변에서 볼 수 있는 식물들 가운데 게으름뱅이로 손꼽히는 옐로래틀은 스스로 잘 살 수 있는 모든 조건을 갖추었으면서도 이웃에게서 빼앗아 오기를 더 좋아한다. 특히 볏과 식물로부터 양분을 빨아들이는 습성이 있다 보니 농부들은 옐로래틀을 그다지 달가워하지 않는다. 하지만 야생화 초원에서는 옐로래틀이야말로 진정한 로빈 후드다. 왕성하게 자라는 풀들의 세력을 꺾어서 소박한 꽃을 피우는 다른 식물들이 퍼져나갈 수 있도록 해주기 때문이다. 단순한 잔디밭을 다양한 색깔의 초원으로 바꾸고 싶다면 한해살이풀 옐로래틀은 거부할 수 없는 환상적인 선택지다.

해부학 노트

잎 | 옐로래틀의 잎에서 노란색 염료를 얻을 수 있다.

꽃 | 앙증맞은 노란색 꽃의 모양이 코와 비슷하게 생겼다. 그래서 '코 꽃'이라는 뜻의 그리스어에서 리난투스*Rhinanthus*라는 속명이 유래했다.

뿌리 | 봄에 뿌리가 형성되면, 볏과 식물이나 토끼풀같이 매우 왕성하게 자라는 주변 식물의 뿌리에 자기 뿌리를 부착해 수분과 양분을 빨아들인다.

씨앗 | 씨 꼬투리가 마르고 나면 종이 싸개 같은 주머니 안에서 씨앗들이 달그락거린다. 이런 이유로 딸랑이를 뜻하는 래틀rattle이라는 이름이 붙었다. 옐로래틀 씨앗은 멸종 위기에 처한 페리조마 알불라타*Perizoma albulata*를 포함한 많은 나방 유충의 먹이다.

기본 정보

별칭 | 아크틱 래틀박스(arctic rattlebox)

과명 | 열당과(Orobanchaceae)

도시 서식지 | 초지대, 경작지

높이 | 40cm

개화 | 5월~7월

용도 | 볏과 식물을 억제하여 야생화가 자라게 한다.

재배 | 가을에 씨를 뿌린다.

수확 | 가을에 바로 뿌릴 수 있는 신선한 씨앗을 늦여름에 채종한다.

식물학자의 팁

9월에 풀밭의 풀을 매우 짧게 깎아 정리한 후 갈퀴질을 해서 흙이 드러나도록 한다. 신선한 옐로래틀 씨앗을 드문드문 뿌리고 물을 충분히 준다. 봄에 발아하므로 그때부터는 풀을 깎지 말고 옐로래틀이 꽃을 피운 후 늦여름에 씨앗을 방출할 때까지 기다린다. 풀을 다시 짧게 깎고 갈퀴질을 할 때쯤 옐로래틀의 줄기를 흔들어 내년에 새로 자랄 마지막 씨앗들이 떨어질 수 있도록 해준다. 이듬해 가을, 볏과 식물들의 세력이 많이 약해졌을 때 좋아하는 야생화 씨앗들을 뿌린다.

Rhinanthus minor

WATER VIOLET

워터바이올렛

Hottonia palustris

워터바이올렛이 뿌리를 내리는 곳은 어디든 초록색 깃털 같은 부드러운 잎들이 돌려나며 수면을 뒤덮는다. 매우 이로운 수생식물로, 양치식물을 닮은 무성한 잎은 고인 물에 산소를 공급하며, 수많은 곤충과 유충, 작은 물고기 들을 보살핀다. 햇볕 쬐기를 좋아하는 잠자리에게는 임시 선베드를 제공한다. 늦봄에 연분홍색 섬세한 꽃들이 노란색 중심을 햇빛에 반짝거리며 첨탑처럼 수면 위로 올라온다. 내한성이 강하며 스스로 아주 잘 자라는 워터바이올렛은 얕은 연못, 습지, 수조에서 기르기에 안성맞춤이다.

해부학 노트

뿌리 | 워터바이올렛은 두 종류의 뿌리를 가지고 있다. 밑부분의 튼튼한 뿌리는 진흙 속에 묻혀 식물체가 안정적으로 자리 잡게 해주고, 줄기 위쪽에서 자라 나온 아주 미세한 뿌리들은 물속에서 하늘거리며 양분을 흡수한다.

꽃 | 바흐 플라워 요법으로 유명한 영국의 동종 요법사 에드워드 바흐Edward Bach에 따르면, 워터바이올렛 꽃 에센스는 사교성 없는 외로운 사람들이 다른 이들과 연결되도록 돕는다고 한다.

잎 | 물에 잠긴 잎은 낮에 산소를 생성해 물을 건강하고 깨끗하게 만들어 수중 생태계를 부양하고, 유해한 조류의 번성을 막는다.

잎줄기 | 물속 생활에 적응한 결과, 잎줄기는 식물체 전체에 걸쳐, 특히 뿌리까지 산소를 순환시키는 특수 세포를 지니고 있다.

기본 정보

별칭 | 페더포일(featherfoil)

과명 | 앵초과(Primulaceae)

도시 서식지 | 폐운하, 연못, 습지, 배수로

높이 | 30cm

개화 | 5월~6월

용도 | 수생정원 식물에 산소 공급

재배 | 봄에 뿌리를 나누어 옮겨 심는다.

식물학자의 팁

워터바이올렛은 뿌리가 자랄 약간의 흙이 있으면서 햇볕이 잘 드는 얕은 물을 좋아한다. 이러한 서식 환경을 수조에 그대로 재현해 인공 연못을 만들 수 있다. 줄기 몇 개를 수조에 꽂아두면 곧 뿌리와 잎이 자란다.

Hottonia palustris

BASTARD BALM

바스타드밤

Melittis melissophyllum

꿀이 풍부한 바스타드밤 꽃은 벌들을 위해 아주 작은 분홍색 카펫을 펼쳐놓은 듯 기품 있어 보인다. 멸종 위기에 처한 이 식물은 이름에 비해 훨씬 더 가치가 있다. 야생의 웨스트 컨트리 숲 지대를 좋아하는, 안목 있는 정원사들은 숲의 매력을 느낄 수 있는 바스타드밤을 도시 정원에서 오래전부터 재배해왔다. 담장 주변을 포함해 반그늘에서도 잘 자라며, 상쾌한 나무 향기를 내뿜어 도심 속에서도 마치 숲속 빈터에 와 있는 기분을 느끼게 해준다. 벌들도 좋아하는 희귀하고 특별한 식물을 도시에서 좀 더 자주 보길 원한다면 한번 키워볼 만하다.

해부학 노트

잎 | 한때 밤balm으로 불린 레몬밤lemon balm의 잎과 매우 유사하다. 사촌지간인 레몬밤보다 약효와 식용 가치가 떨어지는 탓에 가짜라는 뜻의 바스타드bastard가 이름에 붙었다. 잎을 말리면 맛과 향이 좋아져 요리에 첨가하기 좋은 흥미롭고 색다른 허브가 된다. 차로 우려 마시면 배탈을 완화하고 불안을 달래준다. 잎에서 추출한 방향유는 항균 및 항산화 효과가 있어 상처 치유에 좋다고 알려졌다.

꽃 | 매혹적인 분홍색 줄무늬가 있는 아래쪽 꽃잎은 벌들을 꿀이 있는 곳으로 안내하는 착륙장으로, 벌들이 이 꽃 저 꽃으로 이동하면서 꽃가루를 옮겨준다. 꽃 안쪽의 원형 분비샘에서 꿀이 많이 나와 벌들이 아주 좋아한다. 사실 이 식물과 벌의 관계는 뿌리 깊다. 라틴어 학명은 문자 그대로 '꿀벌의 잎이 달린 꿀벌 식물bee-leafed bee plant'이라는 뜻이다. 바스타드보다 훨씬 멋진 이름이다.

기본 정보

과명 | 꿀풀과(Lamiaceae)
도시 서식지 | 그늘진 곳, 훼손되지 않은 땅
높이 | 50cm
개화 | 5월~8월
용도 | 벌을 비롯한 꽃가루 매개자의 먹이, 허브 차
재배 | 가을에 포기를 나누어 옮겨 심는다.
수확 | 봄에 잎을 딴다.

식물학자의 팁

바스타드밤은 햇빛이 가끔 비치는 반그늘을 좋아하며 촉촉하면서도 배수가 잘되고 부엽토가 풍부한 토양에서 잘 자란다. '로열 벨벳 디스팅션Royal Velvet Distinction'이라는 품종은 분홍색과 보라색이 섞인 빛깔이 도는 우아한 난초 같은 꽃을 피운다. 정원에서 길러볼 만한 훌륭한 품종이다.

Melittis melissophyllum

BEE ORCHID

꿀벌난초

Ophrys apifera

영국의 자생 난초 가운데 아름답기로 손꼽히는 꿀벌난초를 풀이 무성한 도롯가나 철로변에서 우연히 마주치는 경험은 정말 특별하다. 속임수의 여왕을 알현한 셈이라고 할까. 꿀벌난초의 벨벳 같은 꽃은 특정 암벌을 놀랍도록 완벽하게 모방했다. 운 나쁜 수벌을 유혹하기 위해 심지어 암벌의 냄새까지 흉내 낸다. 희망에 찬 수벌들이 날아들어 꽃가루를 옮겨주지만, 그 벌들은 짝도 만나지 못하고 꿀도 얻지 못한 채 빈손으로 떠난다. 마지막에 웃는 건 이 난초뿐이다. 하지만 꿀벌난초가 모방한 벌은 이제 영국에 없다. 따라서 꽃가루를 옮겨줄 수벌도 오지 않는다. 그러니 영리하고 아름다운 이 난초를 도와줄 겸 정원에서 길러보면 어떨까.

해부학 노트

꽃 | 향기, 겉모습, 촉감을 포함하여 꿀벌난초의 여러 속임수는 매우 정교하다. 꽃의 아래쪽에 있는 입술꽃잎은 암벌의 색깔과 냄새만 따라 한 게 아니라 털까지 갖추고 있다. 꽃받침은 심지어 날개처럼 보인다.

화분괴 | 꽃가루를 옮겨줄 벌이 없어지자 꿀벌난초는 스스로 꽃가루받이를 할 수 있는 방법을 찾았다. 꽃가루 덩어리가 매달린 화분괴가 꽃의 입구 쪽에 매달린 채 바람에 이리저리 흔들리다가, 마침내 안쪽의 암술머리에 붙어 제 꽃가루받이가 일어난다.

뿌리 | 꿀벌난초의 뿌리로 샐렙salep이라는 가루를 만들 수 있다. 영양분이 풍부해서 30g 정도만으로도 성인 한 사람이 하루를 버티기에 충분하다. 그러나 안타깝게도 뿌리가 그다지 변변치 않아 재배하거나 수확할 만한 가치는 없다.

기본 정보

과명 | 난초과(Orchidaceae)

도시 서식지 | 정원, 부드러운 석회질이 많은 토양, 길가

높이 | 30cm

개화 | 6월~7월

용도 | 관상용 정원 식물, 뿌리를 가루 내어 식용

재배 | 가을에 식물을 구매해 심는다.

식물학자의 팁

야생에서 채취하지 말고, 믿을 만한 농장에서 꿀벌난초를 구매한다. 풀을 좀 덜 베어내야 이 난초를 기르기에 좋다. 4월부터 9월까지 풀이 길게 자라게 놔두고 가을이 되면 풀 사이에 꿀벌난초를 심는다.

Much sought after by florists, whose curiosity often tempts them to exceed the bounds of moderation, rooting up all they find

W. Curtis

Ophrys apifera

HONEYSUCKLE

더치인동

Lonicera periclymenum

더치인동은 도시의 고층 빌딩 그늘에서도 잘 자라지만, 여름날 저녁 거리를 채우는 달달한 향기가 없다면 눈에 잘 띄지 않을지도 모른다. 분홍색과 노란색의 향기로운 꽃은 달콤한 꿀로 채워져 있어 오랫동안 정원사, 어린이, 작가, 시인들로부터 많은 사랑을 받아왔다. 또한 차양같이 무성한 잎과 가을에 열리는 열매는 둥지를 튼 다양한 새들과 쥐에게 숙식을 제공한다. 즙이 많은 꽃은 박각시나방과 희귀한 한줄나비를 비롯해 수많은 꽃가루 매개 곤충들을 먹여 살린다. 그러니 도시 생태계의 챔피언이자 그늘진 정원의 구세주인 더치인동을 모두가 사랑하는 것은 당연하다.

해부학 노트

잎 | 다양한 통증부터 독감과 열병에 이르기까지 수많은 질병 치료를 위한 약초로 사용해왔다. 더치인동은 아스피린의 주성분인 살리실산을 고농도로 함유하고 있다.

줄기 | 더치인동의 줄기는 다른 식물을 시계 방향으로 감고 올라간다. 목질화된 줄기는 코르크스크루처럼 꼬여서 지팡이 제작자들이 좋아한다. 시인들은 더치인동이 감겨 있는 모습을 보고 연인들의 포옹을 떠올리곤 했다. 〈한여름 밤의 꿈〉에서 티타니아는 다음과 같이 구애의 말을 읊었다. "잠드소서. 내 품에 당신을 감싸 안아줄게요. … 덩굴과 향기로운 인동이 부드럽게 감듯이…." 여기서 덩굴은 큰메꽃을 일컫는 것으로 여겨진다.

꽃 | 어린아이들은 더치인동 꽃의 밑동으로 꿀을 빨아 먹는 것을 아주 좋아하는데, 그 외에도 꽃으로 다양한 시도를 해볼 수 있다. 꽃을 모아 물, 차, 칵테일에 풍미를 더할 수도 있고, 시럽으로 만들어 먹으면 목이 따끔거리는 기침감기에 효과가 있다.

기본 정보

별칭 | 우드바인(woodbine)
과명 | 인동과(Caprifoliaceae)
도시 서식지 | 그늘진 울타리, 수풀
높이 | 6m
개화 | 6월~9월
용도 | 약용, 요리용, 향기 나는 정원 식물, 야생 생물을 위한 서식지와 먹이 공급원
재배 | 봄에 씨를 뿌린다.

식물학자의 팁

그늘진 곳에 더치인동의 뿌리를 단단히 심는다. 꽃은 햇빛을 좋아하지만, 뿌리는 촉촉한 토양에서 시원하게 유지하는 것이 중요하다. 다른 식물을 곁에 두거나 지지대를 설치하거나 줄을 매달아 타고 오를 수 있게 해준다.

Lonicera periclymenum

HOUSELEEK

셈페르비붐 텍토룸

Sempervivum tectorum

자신을 그린핑거green-fingers, 식물을 잘 기르는 사람라기보다는 버터핑거butterfingers, 물건을 잘 떨어뜨리는 사람라고 소개한다면 셈페르비붐 텍토룸을 추천한다. 속명인 셈페르비붐 *Sempervivum*은 영원히 산다는 뜻으로, 이 식물은 죽이기도 어렵다. 원래 혹독한 산악 환경에서 자라는 셈페르비붐 텍토룸은 몹시 건조한 도시 정원의 오래된 담장 갈라진 틈새의 햇빛 드는 곳을 천국처럼 여길 것이다. 버터핑거인 식물 집사가 손가락 하나 까딱하지 않아도 이 식물은 앙증맞은 분홍색 꽃을 피우며 인간이 내어준 어떤 공간에서든 로제트* 형태의 다육질 새잎을 내며 자란다. 고대 전설에 따르면, 셈페르비붐 텍토룸이 지붕에 자라면 화재, 번개, 질병으로부터 집을 지켜준다고 믿었다. 서로 '윈윈win-win'인 셈이다.

해부학 노트

꽃 | 하나의 로제트 잎에서 꽃대가 올라와 꽃이 피면 그 개체는 죽지만, 자구offset라고 부르는 다른 로제트 잎들로 빠르게 대체된다.

잎 | 역사적으로 궤양, 혀 갈라짐, 치핵, 결막염 같은 질병을 가라앉히는 데 셈페르비붐 텍토룸의 잎을 사용했다. 하지만 일상에서 가장 쉽게 이용하는 방법은 화상을 입었을 때 알로에 베라*Aloe vera*처럼 사용하는 것이다. 잎을 잘라 겉껍질을 벗기고 환부에 발라준다. 어린잎은 먹을 수 있는데, 샐러드에 오이처럼 촉촉하면서도 아삭거리는 식감을 더한다.

자구 | 셈페르비붐 텍토룸은 수많은 새끼 식물을 만들며 퍼져나가서 헨앤드칙스hen-and-chicks라는 영어 이름을 얻었다. 중심이 되는 로제트가 암탉 역할을 하며, 작은 병아리들 같은 자구를 아주 많이 만들어내기 때문이다. 자구는 손쉽게 떼어내 새로운 장소에 심을 수 있어서 넓은 표면을 쉽게 덮을 수 있다.

기본 정보

별칭 | 주피터의 눈(Jupiter's eye), 헨앤드칙스(hen-and-chicks), 번개 식물(thunder plant)
과명 | 돌나물과(Crassulaceae)
도시 서식지 | 양지바른 담장, 돌이 많은 곳, 지붕
높이 | 20cm
개화 | 6월~7월
용도 | 관상용 식물, 화상 치료
재배 | 봄에 씨를 뿌린다.
수확 | 화상 치료를 위해 필요할 때 잎을 딴다.

식물학자의 팁

선명한 붉은색 잎을 가진 셈페르비붐 텍토룸을 원한다면 '루빈Rubin'이라는 품종을 권한다. 다른 셈페르비붐 텍토룸과 마찬가지로 이 품종도 커다란 매트처럼 로제트를 형성하며 자랄 것이다. 새로 자란 로제트를 싹둑 잘라 예쁜 화분에 옮겨 심으면 선물로도 완벽하다.

*다수의 잎이 땅에 붙어 방사형으로 밀집해 자라는 상태

Sempervivum tectorum

TOADFLAX

좁은잎해란초

Linaria vulgaris

먼지 쌓인 도롯가든 오래된 테니스 코트의 포장이 갈라진 틈새든, 사람의 발길이 드문 후미진 곳에 버터 같은 노란색으로 유쾌하게 피어나는 좁은잎해란초. 이 꽃은 플로리스트의 창가에도 잘 어울린다. 정원에서도 까다롭게 굴지 않고, 다른 식물이 잘 적응하지 못하는 장소를 책임지며 왕성하게 자란다. 금어초를 닮은 꽃이 가을까지 피어서 호박벌과 꿀벌 모두에게 유익하다. 꽃을 꺾어 실내에 두어도 오래가며, 약초학자의 관점에서 보면 상처를 보호하는 수렴제 같은 효능이 있다.

해부학 노트

잎 | 잎은 배변 활동을 촉진하는 차 또는 피부 질환에 바르는 연고를 만드는 데 쓰였다. 17세기의 한 처방전은 맨발 밑에 좁은잎해란초 잎을 깔아놓아 열을 내리게 하는 모습을 묘사하고 있다. 좀 더 믿을 만한 방법으로는 상처 부위에 붙이는 습포제를 만드는 데 사용할 수 있다.

꽃 | 꽃은 벌을 위해 디자인되었다. 입술 모양 꽃잎에 있는 주황색 무늬가 꼭 달걀노른자 같다. 이 무늬는 꽃 안쪽 꿀이 있는 곳으로 벌을 안내하는 역할을 하는데, 그 관문은 꿀이 살짝 보일 만큼만 열려 있다. 윙윙거리는 방문객은 혀로 꿀을 마시는 동안에 꽃가루를 뒤집어쓴다. 좁은잎해란초 꽃으로 노란색 염료를 만들 수 있다. 또는 우유에 넣고 끓이면 파리를 쫓아낸다고 한다. 꽃을 우려내 베이거나 긁힌 상처에 쓰는 소독제를 만들 수 있다. 아이들은 입술 모양 꽃잎을 꼭 짜서 소리 내는 놀이를 좋아한다.

식물학자의 팁

좁은잎해란초는 정원에서 풀이 많이 자라는 야생화 구역이나 다른 식물들이 자라기 어려운 메마르고 처치 곤란한 땅에 온기와 색감을 가져다준다. 이른 봄에 임시로 화분에 씨앗을 심었다가, 늦봄에 바깥에 옮겨 심는다. 자리를 잘 잡으면 봄마다 포기를 나누어 지인들에게 나누어준다. 통제 불능으로 퍼지지 않게 하려면 씨앗이 맺히기 전에 시든 꽃을 따준다.

기본 정보

별칭 | 커먼 토드플랙스(common toadflax), 옐로 토드플랙스(yellow toadflax), 버터 앤드 에그(butter and eggs), 야생 금어초(wild snapdragon), 가는운란초(우리나라에서 부르는 별칭)

과명 | 질경이과(Plantaginaceae)

도시 서식지 | 울타리, 배수로, 길가, 황무지

높이 | 50cm

개화 | 6월~10월

용도 | 상처 소독, 배변 완하차, 파리 퇴치제

재배 | 봄에 씨를 뿌린다.

수확 | 꽃이 피면 수확한다.

Linaria vulgaris

TEASEL

디프사쿠스 풀로눔

Dipsacus fullonum

농구 선수들의 키만 한 디프사쿠스 풀로눔이 운하 가장자리를 따라 자라는 광경은 매우 인상적이다. 여름에는 엉겅퀴를 닮은 돔 모양 꽃차례가 줄기 끝을 장식한다. 각각의 꽃차례에는 벌과 나비가 열광하는 아주 작은 보라색 꽃들이 층층이 피어난다. 가을에 꽃들이 말라 떨어지면 까칠까칠한 씨앗 뭉치가 남는데, 이것은 배고픈 오색방울새는 물론이고 플로리스트도 좋아한다. 야생 동물에게 이롭고, 생화와 말린 꽃 모두 굉장히 매력적인 디프사쿠스 풀로눔은 꽃병에도, 화단에도, 시골집 정원에도 잘 어울린다.

해부학 노트

꽃 | 부케에 디프사쿠스 풀로눔의 꽃과 씨앗 뭉치를 넣으면 질투 혹은 혐오를 상징한다고 한다. 아마도 대못투성이 같은 모습과 관련이 있을 것이다.

잎 | 잎을 비롯해 땅 위에서 자라는 부분에서는 인디고를 대체하기에 나쁘지 않은 파란색 염료를 얻을 수 있다.

씨앗 뭉치 | 가시 돋친 씨앗 뭉치는 고대부터 축융공들이 모직을 깨끗하게 빗질하며 엉킨 곳을 풀고, 의류의 보풀을 세우는 티젤teasel 작업을 하는 데 사용되었다.

줄기 | 줄기에도 가시가 있어 풀을 뜯는 초식 동물의 접근을 막는다. 자세히 보면 잎과 줄기가 만나는 곳에 물이 채워진 작은 웅덩이들이 있는데, 이것은 다른 해충들을 막기 위한 방어책으로, 식물의 가장 부드러운 부분에서 수액을 빨아 먹으려고 기어오르는 곤충을 막는 용도다. 한편으로는 디프사쿠스 풀로눔이 이 웅덩이에 빠져 익사한 곤충들로부터 영양분을 얻는다는 이론도 있다.

기본 정보

별칭 | 커먼 티젤 (common teasel)

과명 | 인동과(Caprifoliaceae)

도시 서식지 | 양지바른 빈터, 특히 물가

높이 | 2m

개화 | 7월~8월

용도 | 직물 가공 중 빗질용, 관상용

재배 | 가을에 씨를 뿌린다.

수확 | 늦여름에 씨앗 뭉치를 수확하여 말린다.

식물학자의 팁

디프사쿠스 풀로눔은 정원에 씨를 뿌려 쉽게 재배할 수 있다. 씨앗을 뿌리고 갈퀴질을 해서 흙을 덮어주면 된다. 두해살이풀이어서 2년 차 생장 시기가 되어야 꽃차례를 만든다. 그전까지는 그저 가시 돋친 잎만 있다. 개화 후에는 씨앗을 많이 생산하여 새들에게 풍부한 먹이를 제공하고 스스로 씨를 퍼뜨려 싹을 틔운다. 사실 너무 많이 나기 때문에 관리 차원에서 일부는 뽑아내는 것이 좋을 수도 있다.

Dipsacus fullonum

ORPINE

자주꿩의비름

Hylotelephium telephium

도시 직장인들이 점심시간에 햇볕을 쬐기 위해 잔디밭을 찾듯, 해를 매우 좋아하는 자주꿩의비름은 가장 건조하고 양지바른 곳에 스스로 씨앗을 뿌린다. 햇볕을 너무 많이 받아 꽃이 그토록 진한 분홍색을 띠게 된 것은 아닐까 하는 생각이 들 정도다. 잎은 두툼한 다육질이어서 잘 마르지 않고, 땅속 덩이뿌리는 액체를 많이 저장하고 있다. 물 없이도 꽤 오래 살아갈 수 있다는 얘기다. 강건하고 관리가 거의 필요 없는 이 식물은 도심 속 뜨거운 중정 공간에서 기르기에 완벽하다.

해부학 노트

꽃 | 벌과 나비 등 여러 꽃가루 매개자들이 윙윙거리며 만들어내는 불협화음으로 꽃 주변이 종종 소란스럽다.

잎 | 자주꿩의비름은 건조한 환경에 적응해 낮이 아닌 밤에 광합성을 한다. 그래야 수분을 유지하기 좋기 때문이다. 잎을 으깨어 상처나 벌레 물린 곳에 바르기도 한다. 어린이들은 잎을 불어 개구리 울음주머니처럼 만들기를 좋아한다. 어린잎은 먹을 수 있다.

뿌리 | 봄철 어린뿌리는 삶아서 먹을 수 있다. 멍든 부위를 치료하려면 신선한 뿌리를 으깨어 바르고 몇 시간 동안 붕대로 감싸둔다.

줄기 | 한여름 밤, 젊은 처녀들은 자주꿩의비름 두 줄기를 출입문에 매달았다. 아침에 줄기가 서로를 향해 구부러져 있다면 사랑이 이루어질 것이고, 그렇지 않다면 전망이 그리 밝지 않다.

기본 정보

별칭 | 개구리 배(frog's-stomach), 한여름의 남자들(midsummer men)
과명 | 돌나물과(Crassulaceae)
도시 서식지 | 건조한 풀밭, 황무지
높이 | 60cm
개화 | 7월~8월
용도 | 관상용, 식용, 약용
재배 | 이른 봄에 씨를 뿌린다.
수확 | 봄에 포기 나누기

식물학자의 팁

야생의 자주꿩의비름을 정원에서도 기를 수 있다. 아니면 사촌지간인 '퍼플 엠퍼러Purple Emperor' 같은 품종을 키워볼 수 있는데, 자줏빛 잎과 줄기가 매우 아름답다. 화려한 볼거리를 원한다면 커다란 분홍색 꽃 뭉치가 달리는 품종인 '어텀 조이Autumn Joy'를 추천한다. 가을과 겨울 내내 꼿꼿하게 서 있는 자주꿩의비름 줄기는 구조적 아름다움이 느껴진다.

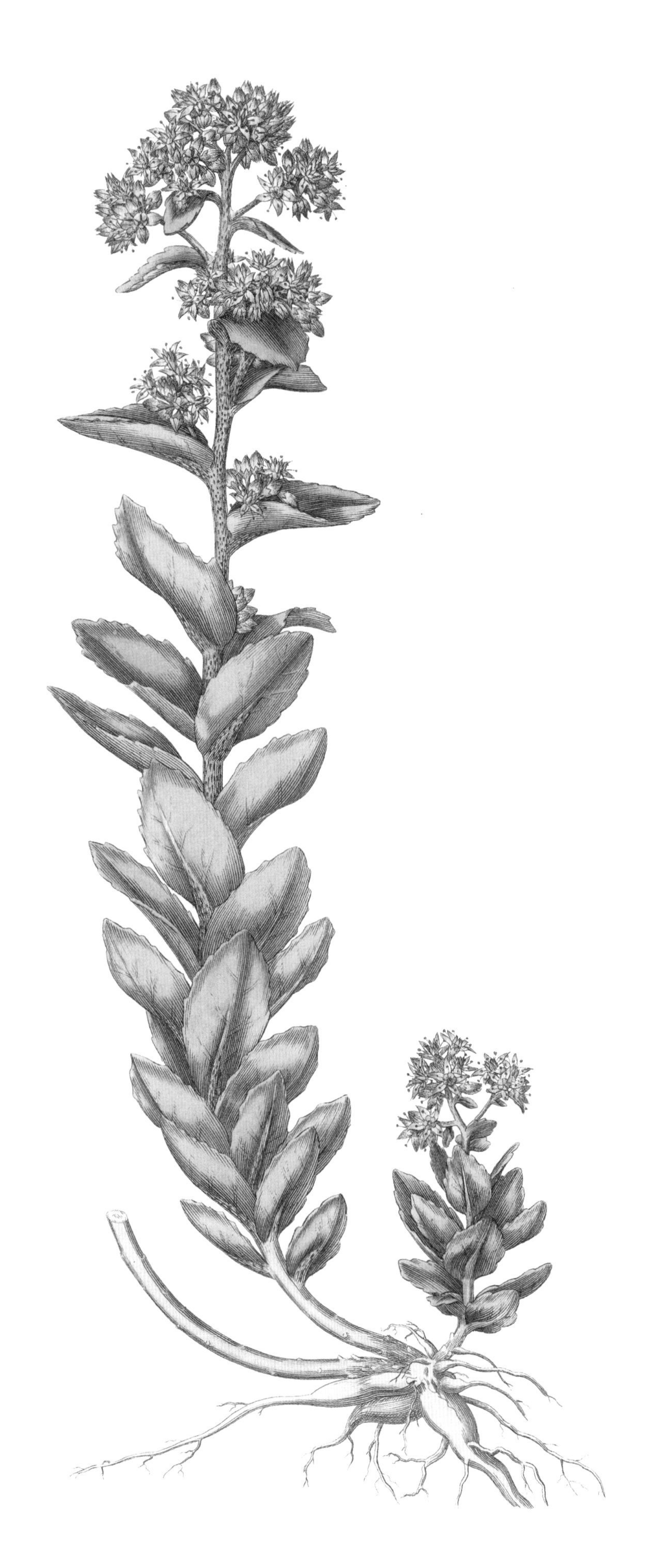

Hylotelephium telephium

SCARLET PIMPERNEL

뚜껑별꽃

Lysimachia arvensis

영국의 소설가이자 극작가 에마 오르치 남작Baroness Emma Orczy이 1905년에 낸 역사 소설 《스칼렛 핌퍼넬*Scarlet Pimpernel*》에서 사람들은 주인공 스칼렛 핌퍼넬을 찾느라 혈안이 되어 있다. 영어로 스칼렛 핌퍼넬로 불리는 뚜껑별꽃은 때때로 '지독하게 찾기 어려운' 식물이다. 오늘날 옥수수밭에서 빠르게 사라져가고 있는 이 꽃은 아주 섬세한 주홍빛을 띠고 도롯가에 점점이 피어 있을지도 모른다. 자세히 보면 이 쪼끄마한 꽃의 아름다움을 발견할 수 있다. 중심부는 자홍색으로 화사하며, 위쪽에 노란색 꽃밥을 달고 있는 수술은 미세한 털들로 장식되어 있다. 비가 쏟아지려 하면 연약한 꽃술을 보호하기 위해 꽃잎이 닫힌다. 악천후 예보를 해주는 셈이다.

해부학 노트

꽃 | 오르치 남작의 소설《스칼렛 핌퍼넬》에서 주인공은 멋쟁이 귀족과 대담한 영웅을 오가는 비밀스러운 이중생활을 감행하는데, 그가 영웅으로 활약할 때 사용한 가명이 바로 스칼렛 핌퍼넬이며, 이 꽃은 그의 상징이기도 했다. 아일랜드에서는 이 꽃을 지닌 사람은 미래를 내다보는 시력과 청력, 새와 동물을 이해하는 능력을 갖추게 된다는 이야기가 전해온다.

잎 | 약초학자들은 우울감이 있거나 독 있는 동물에 물렸을 때 이 식물에서 얻은 팅크를 사용했다. 현대의 연구를 통해 뚜껑별꽃이 항균과 항염증에 좋은 효과가 있다는 것이 밝혀졌다. 사포닌이 많은 잎은 독성 때문에 조리를 해도 제대로 된 음식을 만들 수 없다.

기본 정보

별칭 | 빈자의 청우계(poor man's weatherglass), 양치기의 시계(shepherd's clock)
과명 | 앵초과(Primulaceae)
도시 서식지 | 도로변, 길가, 황무지
높이 | 40cm
개화 | 7월~8월
용도 | 정원 관상용
재배 | 봄에 씨를 뿌린다.

식물학자의 팁

밝은 청색 꽃이 피는 뚜껑별꽃*Lysimachia arvensis* var. *caerulea*도 있는데, 야생에서는 보통 더운 지역에서 모습을 드러낸다. 씨앗은 구하기 어렵다. 그 대신 이 식물과 가까운 품종으로 선명한 파란색 꽃이 피는 '블루 캐스케이드Blue Cascade'를 구해서 키워볼 수 있다.

Few possess more liveliness of colour, or greater delicacy of structure

W. Curtis

Lysimachia arvensis

FLOWERING RUSH

부토무스 움벨라투스

Butomus umbellatus

키가 크고 날씬하며 여름에는 우아한 분홍색 뭉치꽃이 피는 수생식물 부토무스 움벨라투스는 어떤 물가 풍경에도 세련미를 더해준다. 산들바람에 멋지게 흔들리는 대단위 군락은 슈퍼마켓 주차장 뒤쪽의 늪지대 같은 도랑까지도 보기 좋게 만들 수 있다. 정원 연못에서도 마찬가지다. 작은 은신처를 제공하는 전형적인 도시 공간의 열기에 힘입어 부토무스 움벨라투스는 분명 매우 아름답게 자랄 것이다. 또한 벌과 잠자리도 불러 모은다. 하지만 문자 그대로 날이 선 세모꼴 잎은 소들이 뜯어먹지 못할 정도로 날카롭다.

해부학 노트

꽃 | 향기로운 꽃은 한때 집 안에 흩뿌리는 허브로 이용했다.

잎 | 잎이 너무 길어 제 무게를 못 이길 때는 종종 둑에 쓰러져 실잠자리와 잠자리 유충을 위한 즉석 사다리가 되어준다. 펜싱 검 같은 잎을 소가 뜯어 먹으려다가는 혀를 다칠 수도 있다. 속명인 부토무스*Butomus*는 문자 그대로 암소 절단기cow cutter라는 뜻이다.

뿌리 | 50% 이상이 전분이어서 뿌리를 말린 다음 갈아서 가루를 내거나 필요한 경우 감자처럼 구울 수 있다.

식물학자의 팁

부토무스 움벨라투스의 뿌리줄기는 물속에서 점점 증식할 것이다. 작은 연못을 점령하기 시작하면 봄에 잎과 줄기가 자라나기 전에 뿌리줄기를 물 밖으로 꺼내 잘라서 식물체를 나눈다. 반은 물에 도로 넣고 나머지 반은 수생식물 전용 배양토를 담은 화분에 심어 분양한다.

기본 정보

별칭 | 워터 글라디올러스(water gladiolus)

과명 | 부토마과(Butomaceae)

도시 서식지 | 습지, 물가

높이 | 1.2m

개화 | 7월~9월

용도 | 관상용 연못 식물, 뿌리를 식용

재배 | 가을에 씨를 뿌리거나 식물체를 구매하여 봄이 오기 전에 연못에 넣는다.

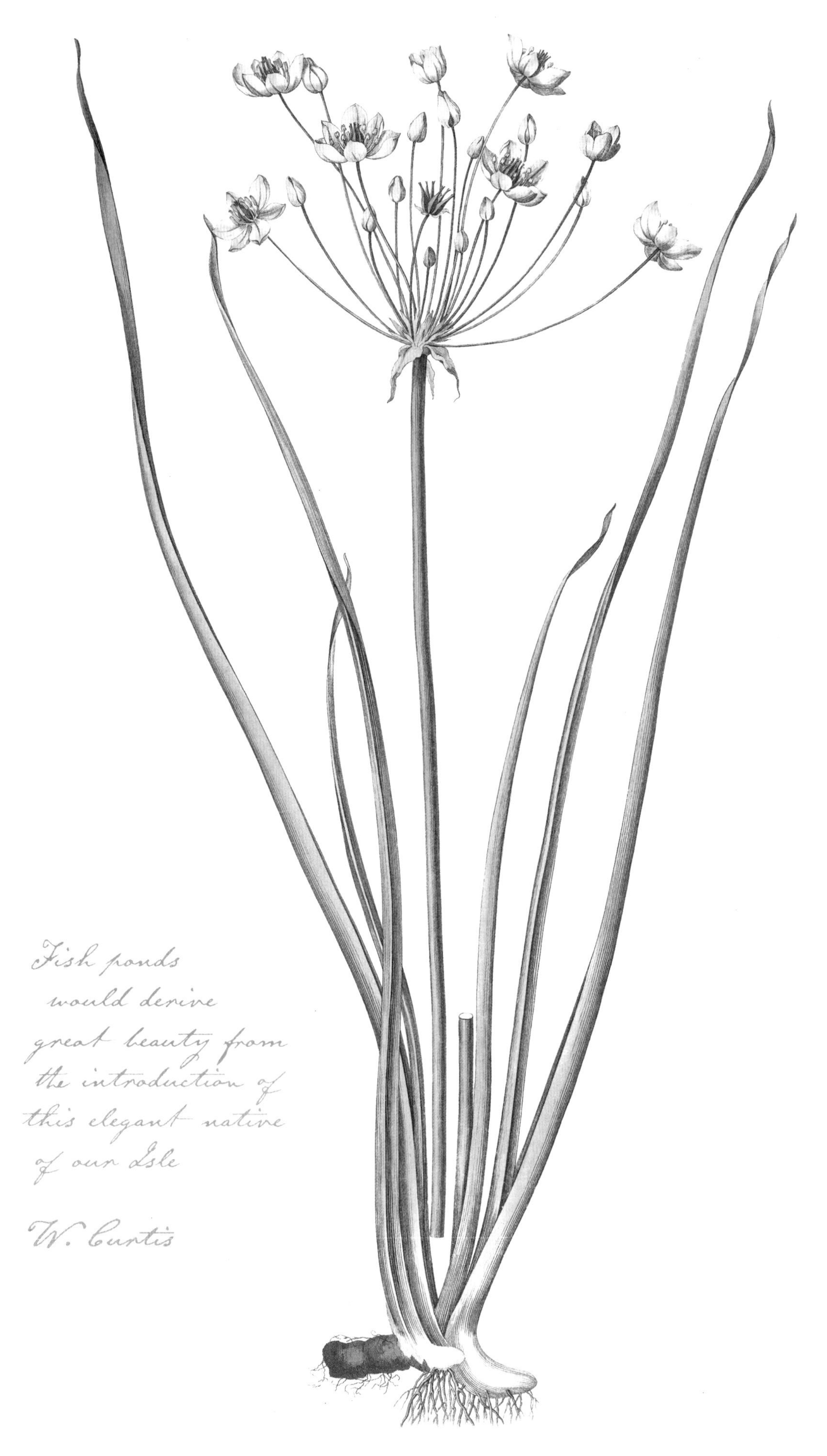

Butomus umbellatus

IVY

아이비

Hedera helix

수직 정원이 지금처럼 유행하기 훨씬 전부터 이미 아이비는 광택 나는 짙은 잎으로 모든 구조물에 옷을 입히며 높은 벽을 기어오르고 있었다. 건물을 늘 푸르게 해줄뿐더러 단열 효율을 30% 이상 높이고, 습기와 오염 물질로부터 보호해준다. 하지만 아이비는 맹렬하게 자라는 덩굴식물이다. 그냥 놔두면 부실한 벽돌을 더욱 부실하게 만들고, 굵은 목질 줄기로 배수구를 막을 수도 있다. 세간에 알려진 것과 달리 아이비는 기생식물이 아니며, 다른 나무를 감아 질식시키지 않는다. 모든 종류의 곤충, 새, 박쥐, 쥐에게 먹이와 은신처를 제공한다. 또한 아이비는 9세기 무렵 햇볕 화상 치료에 쓰인 것을 포함해 잘 알려지지 않은 몇 가지 약효를 지니고 있기도 하다.

해부학 노트

꽃 | 곤충이 겨울잠을 자기 전 먹이를 비축하는 늦가을에 꽃이 핀다.

열매 | 검은색 열매는 크리스마스 무렵 생겨나 겨우내 익으며, 새들에게 필요한 열량과 영양분을 제공한다.

잎 | 어린잎은 전형적인 아이비 모양이지만 다 자란 잎은 타원형 또는 심장 모양이다. 잎에는 사포닌이 들어 있어 탄산나트륨 한 스푼과 함께 5분간 끓이면 세탁용 액체 세제가 된다. 앵글로 · 색슨족은 아이비 잎을 버터에 넣고 끓여 햇볕 화상을 완화하는 데 사용했다. 로마인들은 아이비를 엮어 만든 리스가 술에 취하는 것을 막아준다고 믿었다. 하지만 술의 신 바쿠스는 늘 자랑스럽게 아이비 리스를 걸치고 있는데도, 시도 때도 없이 '흥이 넘쳐' 보인다.

뿌리 | 튼튼한 땅속뿌리에 더하여 공기뿌리는 작은 점액 방울을 분비해서 표면에 효과적으로 달라붙는다. 이 점액은 자외선을 흡수하므로 자외선 차단제로 쓰일 가능성이 있다.

기본 정보

별칭 | 잉글리시 아이비 (English ivy)

과명 | 두릅나무과(Araliaceae)

도시 서식지 | 가로등 기둥, 벽면, 빌딩, 그늘진 공원과 정원

높이 | 12m

개화 | 10월~11월

용도 | 햇볕 화상 완화, 기침약

재배 | 가을에 식물 구매

수확 | 봄에 어린잎과 잔가지를 수확한다.

식물학자의 팁

아이비는 자연의 분장 예술가이다. 마른 땅과 보기 싫은 벽을 웅장하고 풍성하게 바꾸어준다. 아이비를 벽면에 올릴 때는 격자 구조물을 벽으로부터 약간 떨어뜨려 설치하여 공기뿌리가 매달릴 수 있게 해준다. 이렇게 하면 열효율을 높여 겨울엔 벽을 따뜻하게 하고 여름엔 시원하게 한다. 노란 잎을 가진 '버터컵Buttercup', 가장자리가 하얀 '리틀 다이아몬드Little Diamond' 같은 예쁜 품종들이 있다.

Trees covered with ivy have a very pleasing effect, and moreover induce birds of song to haunt those thickets

W. Curtis

Hedera helix

SWAN'S-NECK THYME-MOSS

백조목초롱이끼

Mnium hornum

백조목초롱이끼가 무리 지어 자란 모습은 꼭 진녹색 벨벳 같다. 도시의 운하에 놓인 다리 가장자리와 축축한 벽돌 담장을 매끄럽고 부드럽게 덮어준다. 이끼는 멀리서 보면 식별하기 어렵지만, 사실 흔하게 볼 수 있다. 백조목초롱이끼를 가까이에서 보면 잎이 오그라든 양치식물처럼 보인다. 더 자세히 살펴보면 포자낭이 위쪽에 매달려 있는 아주 작은 줄기들이 무리 지어 있는 것을 볼 수 있는데, 각각은 백조의 목처럼 굽어 있다. 새잎은 밝은 연두색으로 자라기 시작해서 자랄수록 색이 짙어진다. 어떤 정원에서든 부드러운 질감을 느끼게 해준다. 정원 전체를 뒤덮으며 자라게 해서 완전히 이끼 정원으로 만들 수도 있다. 근사한 평온함을 느낄 수 있는 데다가 유지 관리도 쉽다.

해부학 노트

포자낭 이삭 | 포자가 준비되면 포자낭 이삭의 뚜껑이 떨어진다. 작은 톱니가 맞물려 있다가 날씨가 건조할 때 벌어져 바람에 포자가 흩어진다.

잎 | 빽빽한 잎은 수많은 곤충과 무척추동물, 또 그들의 포식자를 위한 작은 생태계를 형성한다. 쥐나 다람쥐같이 좀 더 큰 동물들의 보금자리에 안락한 단열재로 쓰이기도 한다. 한때는 사람들도 매트리스의 속을 채우는 데 백조목초롱이끼의 잎을 사용했다. 잎의 지방산은 면역 체계에 도움이 된다. 이끼는 수분을 유지할 방법이 없어서 생존하려면 매우 습한 환경이 필요하다. 잎에 있는 작은 구멍들을 통해 스펀지처럼 끊임없이 물을 흡수한다.

헛뿌리 | 엄밀히 말하면 이끼는 뿌리가 아닌 헛뿌리를 가졌다. 이것은 이끼를 어떤 표면에 고정하는 역할을 할 뿐, 관다발이 없어서 물을 흡수하지 못한다.

기본 정보

과명 | 초롱이끼과(Mniaceae)

도시 서식지 | 축축하고 그늘진 벽돌과 나무 그루터기

높이 | 5cm

개화 | 꽃이 피지 않고 내내 초록빛을 유지한다.

용도 | 정원용, 테라리엄, 매트리스 충전재

재배 | 뿌리째 떠낸 이끼 덩어리를 봄에 심는다.

식물학자의 팁

테이블 위 미니 정원을 연출하는 용도로 유리 용기에 식물들을 넣어 테라리엄을 만들 때 기본 층으로 사용하기에 적합한 식물이다. 밀폐된 환경에서 잘 자라는 양치식물과 아이비, 그 밖에 수분을 좋아하는 다른 식물들과 함께 꾸미면 된다. 식물을 구매할 때는 해충이 잠복해 있지 않은지 잘 살펴본다.

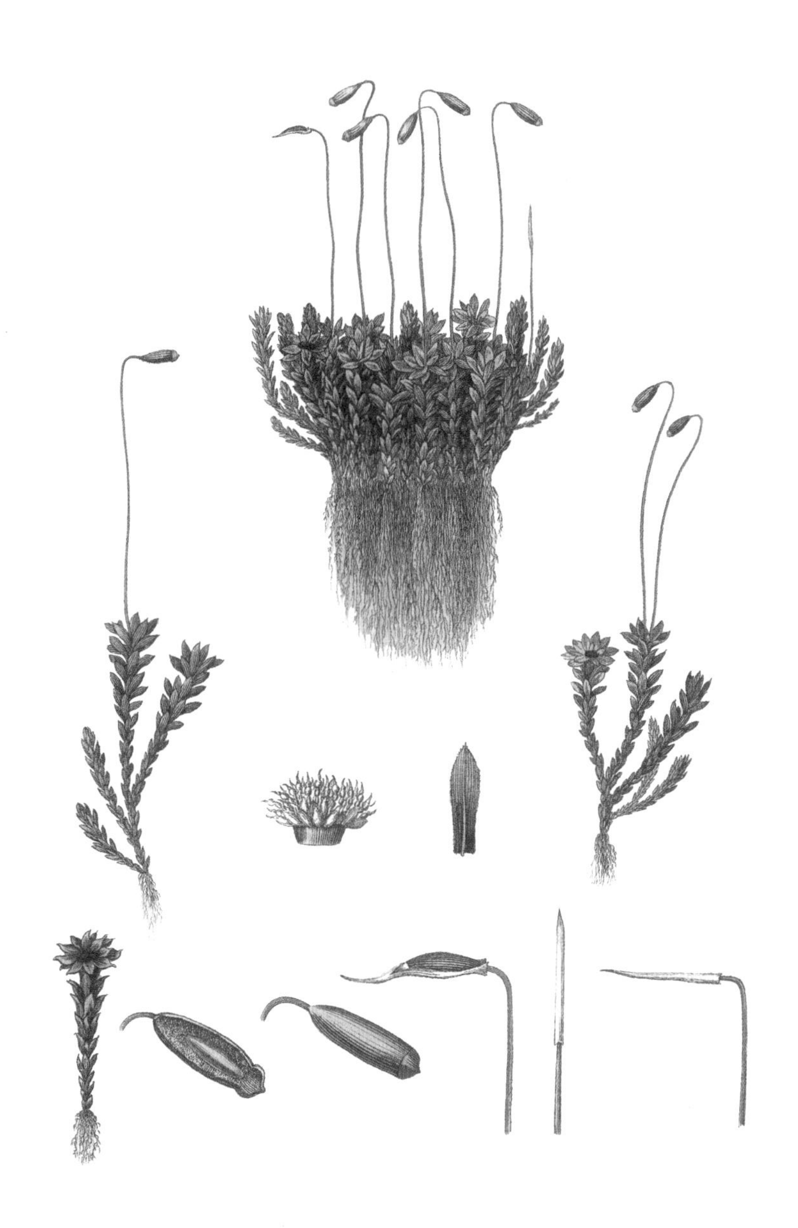

Mnium hornum

— KILL —

독을 품은 식물

식물의 어두운 면을 조심하라.

꽃들의 팜므 파탈은

유독 아름다운 식물들 가운데 있으며

매우 치명적이다.

미리 경고받지 않았다고 따지지 말 것.

HEMLOCK

나도독미나리

Conium maculatum

식물 채집꾼들이 실수로 먹기도 전에 보기만 해도 식은땀이 나는 식물이 있다면, 그것은 바로 나도독미나리다. 치명적인 독성이 있는데, 맛있는 요리 재료로 쓰이는 산형과의 다른 식물로 착각하기 쉽다. 나도독미나리는 모든 채집꾼이 반드시 식별할 줄 알아야 하는 무서운 식물이다. 영국에서 가장 키가 큰 산형과의 자생식물로, 2m를 훌쩍 넘겨 자라며 하얀색 꽃대를 올린다. 제멋대로 자라게 놔두면 큰 덤불을 이룰 수 있다. 고귀하고 위풍당당한 모습이지만, 한때 사형 집행인들이 사약으로 선택했던 식물인 만큼 언제나 신중히 다루어야 한다.

해부학 노트

꽃 | 나도독미나리 꽃은 많은 곤충에게 꿀을 제공하는 훌륭한 원천이다. 곤충들에겐 두려워하거나 제거해야 하는 대상이 아닌 쓸모 있는 식물이다.

잎 | 잎을 으깨면 불쾌한 곰팡내가 나는데, 예민한 사람들은 이 냄새로 먹으면 안 된다는 경고를 알아차린다. 제1차 세계대전 초기까지도 영국은 나도독미나리의 말린 잎과 씨앗을 대량으로 미국에 수출했다. 천식, 간질, 백일해 등 많은 질병 치료에 사용하기 위해서였는데 이제는 사용하지 않는다.

줄기 | 사람뿐 아니라 모든 포유류는 나도독미나리의 독성에 해를 입을 수 있다. 풀을 뜯는 동물들은 죽은 줄기에도 가까이 다가가지 않는다. 독성이 몇 년 동안이나 남아 있기 때문이다. 나도독미나리를 알아볼 수 있는 특징은 다 자란 식물체의 살아 있는 줄기 아래쪽에 있는 자줏빛 얼룩이다. 종명인 마쿨라툼*maculatum*은 라틴어로 반점을 뜻한다.

기본 정보

별칭 | 포이즌 파슬리(poison parsley)

과명 | 산형과(Apiaceae)

도시 서식지 | 양지바른 풀밭, 도로변, 물가

높이 | 2.5m

개화 | 6월~7월

용도 | 독성 물질

식물학자의 경고

나도독미나리에는 독성 물질인 코닌이 함유되어 있다. 이 물질은 근육 마비를 일으키는데, 호흡기 조절 근육의 기능을 마비시켜 질식으로 사망에 이르게 한다. 고대 그리스인들은 죄수를 사형시킬 때 나도독미나리를 사용했다. 젊은 세대를 타락시켰다는 이유로 유죄 선고를 받았던 철학자 소크라테스의 예가 가장 유명하다. 플라톤은 독이 어떻게 소크라테스의 발에서부터 심장에 이르기까지 서서히 몸을 마비시켜 죽음에 이르게 했는지 기록했다.

Conium maculatum

LILY OF THE VALLEY

유럽은방울꽃

Convallaria majalis

천상의 향기를 지니고 앙증맞게 피어나는 유럽은방울꽃은 조향사와 플로리스트는 물론, 많은 사람이 좋아하는 야생화다. 생울타리의 은신처에 자그마한 종처럼 매달려 있는 흰색 꽃을 목격하는 일은 거친 야생에 흩어져 있는 진주 목걸이를 발견하는 것과 같다. 하지만 보기만 하고 만지진 말아야 한다. 유럽은방울꽃의 치명적인 독은 매우 괴로운 발진을 일으킬 수 있으며, 실수로 먹기라도 하면 훨씬 더 나쁜 결과를 초래할 수 있다. 벌들 역시 이 꽃의 향기를 좋아하고, 새들은 가을에 붉게 익은 열매를 먹는다.

해부학 노트

열매 | 포유류에는 매우 치명적이지만, 새들은 이 열매를 좋아해 즐겨 먹고 다른 곳으로 옮겨 씨앗을 퍼트린다.

꽃 | 사랑, 행운, 행복을 상징하는 자그마한 꽃은 보통 봄에 신부의 부케 장식에 쓰인다. 향은 좋지만 애석하게도 방향유가 많이 나오지 않아서 조향사들은 종종 합성 화학 물질로 그 천상의 향기를 모방한다. 크리스티앙 디오르Christian Dior는 자신이 매우 좋아하는 은방울꽃의 상큼함을 담아 1956년, 향수 디오리시모Diorissimo를 출시했다. 이 향수가 지금도 여전히 최고로 손꼽히는 것도 놀라운 일이 아니다.

잎 | 잎은 직물 염료를 생산하는 데 쓰인다. 봄에 수확하면 연두색을, 가을에 수확하면 노란색을 얻을 수 있다. 전통 약초학에서는 가벼운 심장병을 다루기 위한 강장제를 만드는 데 사용되었다. 하지만 조제법과 복용량에 대해서는 전문가의 처방이 필요하다.

기본 정보

별칭 | 성모 마리아의 눈물(our lady's tears)

과명 | 아스파라거스과(Asparagaceae)

도시 서식지 | 건조한 생울타리 아래, 햇빛이 어룽거리는 숲

높이 | 25cm

개화 | 5월~6월

용도 | 향수

재배 | 가을에 구매해 심는다.

수확 | 늦봄에 장갑을 끼고 꽃을 수확한다.

식물학자의 경고

유럽은방울꽃은 심장을 멎게 할 수도 있는 고농도 스테로이드인 카르데노리드를 함유하고 있다. 종종 함께 자라는 나도산마늘*Allium ursinum*이라는 흔한 사료작물과 잎이 매우 비슷해 잘못 섭취하는 경우가 많다.

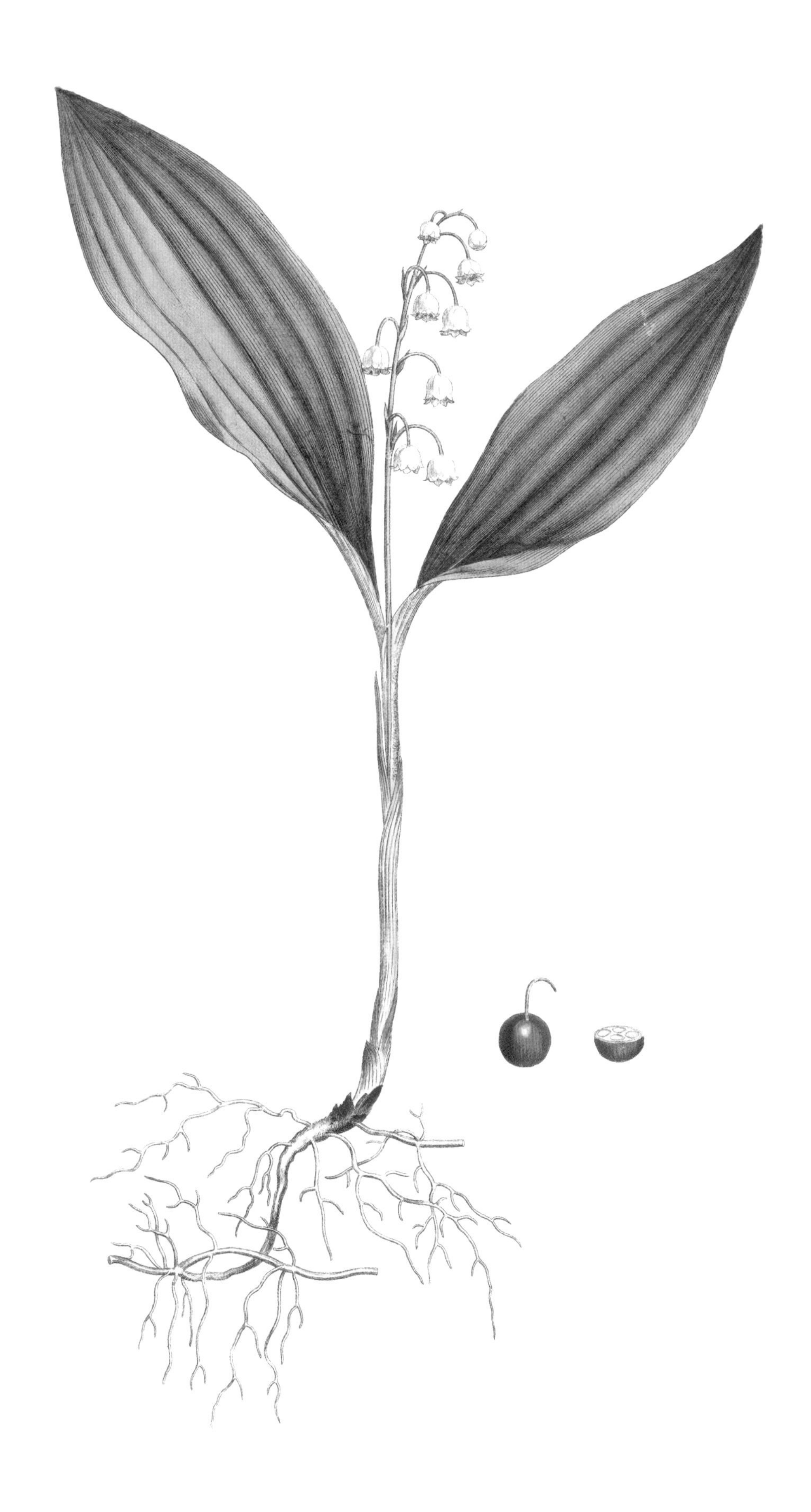

Convallaria majalis

BULBOUS BUTTERCUP

라눈쿨루스 불보수스

Ranunculus bulbosus

한때 목장과 건초용 목초지에 흔했으며, 지금은 도시의 도로변에서 종종 발견할 수 있는 라눈쿨루스 불보수스는 오랫동안 농부들에게 골칫거리였다. 방목 가축들은 전에 경험한 적이 없어도 샛노란 꽃이 피는 이 식물이 강한 독을 품은 미나리아재비 종류임을 바로 알아챘다. 피부에 닿으면 물집이 생기므로 꽃다발용으로는 절대 사용하면 안 된다. 약초 재배가들은 한때 뻣뻣한 관절을 치료하는 데 사용했고, 거지들은 이 식물을 피부에 문질러 염증을 일으켜 사람들에게 동정을 구하는 용도로 사용했다. 전구처럼 볼록한 알줄기는 돼지들이 즐겨 먹는다.

해부학 노트

꽃 | 꽃이 아주 반들반들한 이유는 꽃잎의 표피 바로 밑에 공기층이 있기 때문이다. 거의 거울 같은 효과로 곤충들을 유인한다.

뿌리 | 조리해서 먹을 수 있지만 별로 맛이 없어서 구황작물로만 수확했다. 뿌리를 날로 먹었을 때 생기는 발진과 물집은 맥각 중독증으로 알려진 중세 시대 질병, 성 안토니오의 불St. Anthony's fire을 떠올리게 한다. 그 당시 신자들은 성 안토니오에게 병이 낫게 해달라고 기도했다. 그래서 이 식물의 다른 이름이 성 안토니오의 순무St. Anthony's turnip이다. 한때 치통을 덜기 위해 생뿌리를 씹어 충치 홈에 넣었는데, 물집으로 인한 고통이 환자의 주의를 분산시켰을지 모른다.

잎 | 약초학자들은 관절염, 습진, 통풍을 포함한 관절 및 피부 질환을 다루는 데 라눈쿨루스 불보수스 잎을 사용했다. 오늘날엔 이러한 질병을 치료하는 더 나은 방법이 있으므로 괜한 위험을 감수하지 않아도 된다.

기본 정보

별칭 | 성 안토니오의 순무 (St. Anthony's turnip)
과명 | 미나리아재비과 (Ranunculaceae)
도시 서식지 | 초지대와 길가
높이 | 30cm
개화 | 3월~6월

식물학자의 경고

미나리아재비과의 식물들이 대개 그렇듯 라눈쿨루스 불보수스도 라눈쿨린을 함유하고 있다. 식물체가 짓이겨지는 등 손상을 입으면 라눈쿨린이 분해돼 프로토아네모닌이라는 독성 물질로 바뀐다. 이 물질은 피부에 물집이 생기게 하고, 섭취할 경우 메스꺼움, 근육 경련 등의 증상을 일으킨다.

Hogs are fond of the roots and will frequently dig them up

W. Curtis

Ranunculus bulbosus

DEADLY NIGHTSHADE

아트로파 벨라돈나

Atropa bella-donna

아트로파 벨라돈나는 역사 속 악당들, 그리고 왕과 황제를 독살한 사람들이 선택한 매우 악명 높은 식물이다. 종명인 벨라돈나*bella-donna*는 아름다운 귀부인을 뜻하는데, 무성한 잎과 관능적인 보라색 꽃으로 뒤덮인 이 식물은 달콤한 열매로 부주의한 사람들을 유혹한다. 그런데 그 열매는 딱 한 번만 먹을 수 있다. 역겨운 뒷맛 후에는 흐릿한 시야, 어눌한 말씨, 섬망, 경련이 이어지고, 결국 죽음에 이른다. 속명인 아트로파*Atropa*는 실타래를 끊어 인간의 삶을 끝낸 그리스 운명의 여신 아트로포스Atropos에서 유래했다. 이름의 의미가 곧 확실한 경고다.

해부학 노트

열매 | 옛날 여성들은 동공이 매력적으로 확장되게 하려고 아트로파 벨라돈나 열매의 즙을 내어 눈에 넣었다. 이런 이유로 아름다운 여성을 뜻하는 종명이 붙었을 가능성이 있다. 더는 화장용으로 사용하진 않지만, 추출물은 여전히 외과 의사들이 눈 수술 중에 사용하곤 한다. 열매는 버찌와 약간 비슷하게 생겼지만, 절대 블랙 포레스트 케이크black forest gateau에 넣으면 안 된다. 아트로파 벨라돈나는 악마의 식물로 알려져 있다. 그러니 그 열매를 먹으면 가장 가혹한 처벌을 받게 된다.

잎 | 중세에는 여성의 볼을 붉게 보이게 하는 데 열매와 함께 잎을 사용했다. 식물 이름이 여성의 아름다움과 연관된 또 다른 이유다.

뿌리 | 뿌리 추출물은 현대 의학에서 근육 경련을 완화하는 데 사용한다.

기본 정보

별칭 | 개구쟁이 버찌(naughty man's cherries), 악마의 열매(devil's berries)

과명 | 가지과(Solanaceae)

도시 서식지 | 햇빛이 어룽거리는 그늘

높이 | 2m

개화 | 6월~8월

용도 | 상용 의약품

재배 | 봄에 씨를 뿌린다.

식물학자의 경고

아트로파 벨라돈나는 식물에서 자연적으로 발생하는 자연 독소인 트로판 알칼로이드를 함유하고 있어·인체에 큰 해를 입힐 수 있다. 의대생들은 이 식물의 유독 증상에 관해 공부할 때 다음과 같은 암기법을 사용한다. '박쥐처럼 눈이 멀고, 해골처럼 마르며, 토끼처럼 열이 나고, 비트처럼 붉어지고, 정신 이상자처럼 미친다….'이렇게 '미친' 환각과 섬망 후에는 혼수상태에 빠질 수 있으며, 회복되더라도 화학 물질이 사라질 때까지 종종 끔찍한 피해망상이 이어진다.

Atropa bella-donna

PHEASANT'S EYE

꿩복수초

Adonis annua

꿩복수초는 진홍색 꽃으로 옥수수밭에 색깔을 입히곤 했다. 꽃의 중심부는 매우 또렷한 검은색인데, 새들의 구슬 같은 눈만큼이나 선명하다. 철기 시대부터 꿩복수초는 농작물 사이에 자기 씨앗을 슬쩍 섞어 넣는 데 성공했다. 여름이 되면 젊은 사업가들이 꿩복수초의 작고 화사한 꽃과 깃털 같은 잎을 채취하여 마을 시장에 내다 팔곤 했다. 그러나 현대에는 제초제가 이 불쌍한 식물에 악영향을 끼쳤다. 아름답지만 독성이 있는 이 식물을 먹는 사람도 마찬가지로 해를 입게 될 것이다. 오늘날 꿩복수초는 덤불 무성한 길가나 방치된 원형 교차로처럼 훼손된 자투리땅에서 흙 속에 잠들어 있던 묵은 씨앗이 싹을 틔워 근근이 살아간다.

해부학 노트

씨앗 | 씨앗은 개미에 의해 널리 퍼진 다음, 땅이 파헤쳐지기를 기다리며 흙 속에서 오랜 세월 동안 잠을 자기도 한다.

꽃 | 꿩복수초의 속명인 아도니스*Adonis*는 그리스 신화에서 미의 여신 아프로디테가 사랑에 빠진 아름다운 청년의 이름에서 유래했다. 아도니스는 사냥을 나갔다가 멧돼지에게 공격당해 죽었고, 그의 피가 떨어진 땅에 붉은 꽃이 피어났다. 그 꽃은 아네모네로 알려져 있는데, 사촌지간인 꿩복수초와 아주 많이 닮았다. 종명인 안누아*annua*에는 이 식물이 1년 안에 생활사를 끝마친다는 뜻이 담겨 있다.

잎 | 성병을 치료하는 전통 요법으로 꿩복수초를 복용한 사람들은 종종 원래의 고통보다 더 나쁜 결과, 즉 죽음까지도 감수해야 했다.

기본 정보

별칭 | 레드 모로코(red morocco)
과명 | 미나리아재비과(Ranunculaceae)
도시 서식지 | 훼손지, 길가, 도로변
높이 | 40cm
개화 | 6월~7월
용도 | 꽃다발, 꽃꽂이
재배 | 가을에 씨를 뿌린다.
수확 | 여름에 꽃을 수확한다.

식물학자의 경고

꿩복수초에는 심장 박동을 방해하고 다량 섭취하면 심장을 완전히 멎게 할 수도 있는 강심 배당체가 들어 있다. 이 화학 물질은 실제로 가벼운 심장 질환 치료에 도움을 줄 수 있는데, 전문가가 엄격하게 통제된 방법으로 추출하고 투여해야 한다. 오차 범위가 매우 미세하므로 각별히 주의를 기울여야 한다.

Adonis annua

THORN APPLE

흰독말풀

Datura stramonium

아주 커다란 나팔 모양 꽃, 가시 돋친 넓은 잎, 흉포하게 생긴 뾰족뾰족한 열매까지, 흰독말풀의 겉모습은 의심할 나위 없이 열대식물이다. 매우 위험한 이 식물은 원래 중앙아메리카의 정글이 고향이다. 영국에서는 적어도 350년 동안 살아왔는데, 오늘날 마을 곳곳의 황무지에서 찾아볼 수 있다. 하지만 흰독말풀은 절대로 먹어선 안 된다. 불행하게도 식물의 일부분이라도 섭취한 사람은 만약 살아난다 해도 여러 날 동안 횡설수설하며 혼란스러워하고 환각에 시달릴 것이다.

해부학 노트

씨앗 | 씨앗에 가장 강한 독성 물질이 들어 있다. 어떤 문화권에서는 환영을 유도하고 죽은 사람과 교감하기 위해 흰독말풀 씨앗을 섭취하는데, 식물 개체마다 독성 차이가 매우 크기 때문에 잘못하면 과용하기 쉽다. 너무 많이 복용하면 죽음에 이를 수도 있다.

꽃 | 나방이 꽃가루받이를 돕는데, 특히 나팔 모양 꽃의 밑바닥까지 닿을 수 있는 긴 혀를 가진 나방이 이 꽃을 찾아온다. 힌두교의 신 시바의 화신으로, 춤의 제왕인 나타라자는 흰독말풀 꽃을 머리에 꽂고 있다.

잎 | 1676년 버지니아주 제임스타운에 주둔한 영국 병사들은 흰독말풀의 잎을 넣은 샐러드를 먹고 11일 동안 원숭이처럼 벌거벗고 앉아 얼굴을 찡그리는 등 기괴하고 정신 나간 행동을 보였다. 그리고 그 일이 끝난 다음에는 모두가 아무것도 기억하지 못했다. 이 사건 때문에 미국에서 흰독말풀은 제임스타운의 잡초라는 의미로 짐슨위드 Jimsonweed 라고도 불린다.

기본 정보

별칭 | 짐슨위드(jimsonweed)
과명 | 가지과(Solanaceae)
도시 서식지 | 덤불 지대
높이 | 70cm
개화 | 7월~10월
재배 | 가을에 씨를 뿌린다.

식물학자의 경고

흰독말풀은 약리학에서 다양하게 응용되는 중요한 화합물인 트로판 알칼로이드를 함유하고 있다. 하지만 야생에서 채취하여 이용하거나, 잘못된 양을 투여했을 땐 끔찍한 결과를 초래할 수 있으며, 치명적일 수도 있다.

The symptoms are light-headedness,
profound sleep, insanity, madness,
convulsions, palsy of the limbs, cold
sweats, vehement thirst and tremblings

W. Curtis

Datura stramonium

GREEN HELLEBORE

헬레보루스 비리디스

Helleborus viridis

헬레보루스 비리디스는 연초부터 일찌감치 꽃을 선보이는 식물 가운데 하나다. 이 식물은 그늘 밑에 위장하고 있어서 관찰력이 뛰어난 사람에게만 보인다. 겨울철에 설강화, 크로커스와 함께 아주 멋진 꽃다발을 만들 수 있다. 하지만 독성이 있으며 피부에 화상을 입힐 수 있으므로 꽃을 다룰 땐 조심해야 한다. 호박벌은 이른 시기에 꿀을 제공하는 헬레보루스 비리디스의 꽃을 좋아하는데, 심지어 일찍 개화하는 더 화려한 다른 꽃들 사이에서도 이 꽃을 찾는다.

해부학 노트

꽃 | 헬레보루스 비리디스는 겨울 추위 속에서 꽃가루 매개자들을 유혹하기 위해 말 그대로 완벽히 난방을 한 꽃 안에 따뜻한 알코올음료를 준비해놓는다. 꿀 안에서 효모가 발효하면서 약간의 알코올 성분이 생기고, 꽃의 온도가 6℃ 정도 상승한다. 초록빛 헬레보루스 바 안에 준비된 벌들을 위한 따뜻한 알코올음료라니!

잎 | 헬레보루스 비리디스의 잎이 코의 점막을 자극하기 때문에, 약초학자들은 한때 잎을 말린 다음 가루를 내어 의료용 재채기 분말을 만들었다. 이 분말을 먹으면 구토를 하게 되어, 전통적으로는 기생충 치료에 쓰이기도 했다. 어쩌면 기생충 자체보다 더 큰 피해를 주는 '치료'였을지도 모른다.

뿌리 | 과거에 뿌리와 뿌리줄기는 완하제로 사용되었고, 한때는 몸의 이를 제거하는 데 쓰이기도 했다. 하지만 오래전에 독성이 적은 다른 치료법으로 대체되었다.

식물학자의 경고

헬레보루스 비리디스는 라눈쿨린과 부파디에놀리드라는 두 가지 독성 화합물을 함유하고 있다. 미나리아재비과의 식물에 흔히 들어 있는 라눈쿨린은 피부를 자극한다. 혈압을 높이는 스테로이드의 일종인 부파디에놀리드는 최악의 경우 혼수상태에 이르게 하고 심장마비를 일으킬 수 있다. 헬레보루스 비리디스는 미식가가 아니라 정원사를 위한 식물이다.

기본 정보

별칭 | 바스타드 헬레보루스(bastard hellebore)

과명 | 미나리아재비과(Ranunculaceae)

도시 서식지 | 햇빛이 어룽거리는 그늘이 있는 길가와 숲

높이 | 50cm

개화 | 2월~4월

용도 | 꽃다발, 꽃꽂이

재배 | 가을에 식물을 구매해 심는다.

수확 | 늦겨울에 장갑을 끼고 꽃을 수확한다.

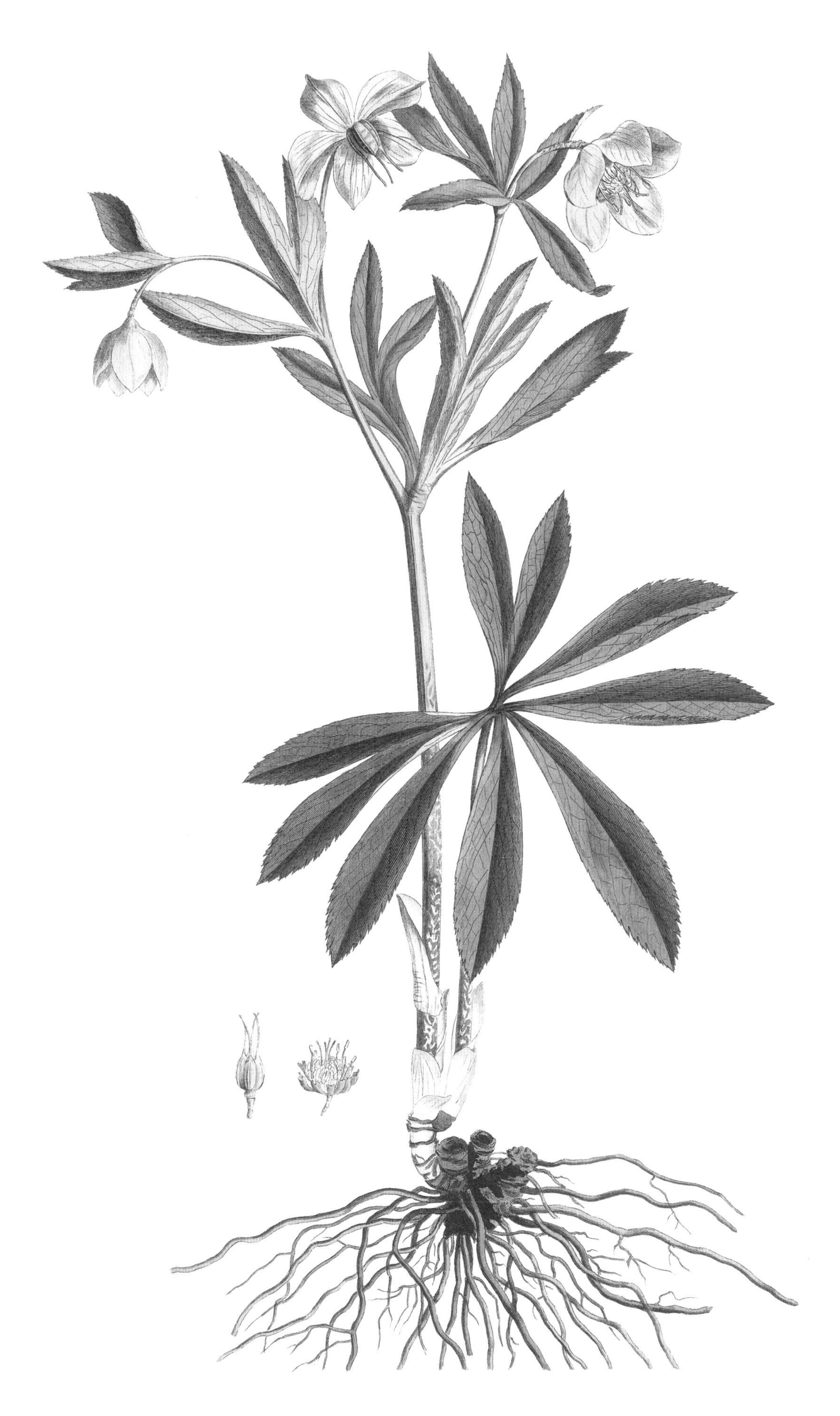

Helleborus viridis

BLACK NIGHTSHADE

까마중

Solanum nigrum

까마중의 영어 이름 블랙 나이트셰이드black nightshade는 '검은 밤의 기운'이라는 의미인데, 실제로 보면 그렇게 으스스한 이름은 어울리지 않는 것 같다. 건강한 초록 잎, 작고 예쁜 하얀 꽃, 앙증맞은 열매가 청순한 외모를 자랑하기 때문이다. 그러나 까마중에는 사람을 비롯한 포유류에게 해를 끼치는 솔라닌이라는 독소가 들어 있다. 솔라닌은 가지과 식물에 흔한 화학 물질인데, 까마중 열매에서 처음 발견됐다. 솔라닌을 섭취해도 아무 문제 없는 새들은 이 열매를 즐겨 먹고 부지불식간에 여기저기 씨앗을 퍼뜨린다. 하지만 그렇게 걱정하지 않아도 된다. 까마중은 추위에 그리 강하지 않아서 첫서리를 맞고 나면 죽는다.

해부학 노트

씨앗 | 까마중 씨앗은 땅이 파헤쳐지지 않는 한, 흙 속에서 80년 동안 생존할 수 있다.

잎 | 잎은 찢어진 상처와 감염 부위에 사용하는 습포제를 만드는 데 쓰였다. 하지만 약초 습포제로 까마중보다 훨씬 더 나은 식물이 많다.

열매 | 솔라닌의 농도는 덜 익은 열매에서 높고, 익어가면서 독성이 감소한다. 다 익은 열매에 독성이 정확히 얼마나 있는지는 식물학자들의 의견이 분분하다. 결론이 날 때까지는 열매에 관심을 끄는 것이 최선이다. 까마중과 가까운 관계에 있는 식물 중에 잼, 파이, 소스에 사용하는 달콤한 식용 열매가 열리는 것들이 있다. 가지속에 속하는 이 식물들 역시 때때로 까마중이라고 불려서 혼란스럽다.

뿌리 | 까마중 뿌리는 토양에서 중금속을 흡수하는 능력이 있어서 토양 오염을 제거하고 복구하는 용도로 연구되고 있다.

기본 정보

별칭 | 가든 나이트셰이드(garden nightshade), 유럽까마중(european black nightshade)

과명 | 가지과(Solanaceae)

도시 서식지 | 정원, 경작지, 훼손된 땅

높이 | 90cm

개화 | 7월~9월

용도 | 토양 정화

재배 | 봄에 씨를 뿌린다.

식물학자의 경고

독성 물질 솔라닌은 우리 몸의 세포들이 제대로 작동하지 못하게 한다. 세포막을 파괴하고 그 안에 있는 아주 작은 기관인 미토콘드리아의 활동을 방해한다. 미토콘드리아는 각각의 세포가 기능하고 생존하는 데 필요한 에너지를 생성한다. 솔라닌 중독 증상은 설사와 구토에서 마비, 발열, 사망에 이르기까지 다양하다.

Solanum nigrum

LORDS-AND-LADIES

아룸 마쿨라툼

Arum maculatum

아룸 마쿨라툼은 기둥 모양 꽃대에 암꽃과 수꽃을 함께 지니고 있다. 숲에서 자라는 이 식물은 모든 부분이 강한 독성을 띤다. 그런데도 엘리자베스 1세 시대 세탁부들은 주름 장식 옷깃과 깨끗한 성작 수건을 빳빳하게 풀 먹이느라 물집 잡힌 손으로 이 식물의 뿌리를 다룰 만큼 용감했다. 아룸 마쿨라툼은 4월부터 모습을 드러내기 시작하지만 처음에는 눈에 잘 띄지 않다가 가을이 되면 육수꽃차례에 치명적인 다홍색 열매를 잔뜩 맺는다. 이 열매를 먹으면 심한 통증과 함께 호흡이 곤란해진다. 심지어 죽음에 이를 수도 있다. 열매의 맛이 역겨워 그나마 다행이다.

해부학 노트

육수꽃차례 | 꽃대 주위에 꽃자루가 없는 수많은 잔꽃이 모여 피는 것을 육수꽃차례라고 하는데, 아룸 마쿨라툼은 식물체 중앙에 육수꽃차례가 남근처럼 돌출되어 있다. 이 육수꽃차례는 분뇨 냄새를 풍긴다. 우리에게는 불쾌하지만 꽃가루받이를 해주는 곤충들에게는 굉장히 매력적인 냄새다.

꽃 | 아주 작은 꽃들이 육수꽃차례 밑부분을 둘러싸고 있다. 곤충들이 암꽃에서 잔치를 벌이는 동안 수꽃은 그 위로 꽃가루를 방출한다. 방문객들은 이웃한 식물체를 찾아가 다른 암꽃에 꽃가루받이를 해준다.

뿌리 | 생뿌리는 독성이 있지만 말려서 식용 가루 혹은 사고sago라고 부르는 전분으로 가공할 수 있다. 약 1850년까지 영국 도싯주 포틀랜드섬에서 이것을 대량 생산했다.

잎 | 육수꽃차례를 감싸고 있는 망토 같은 잎을 불염포라고 한다. 식물의 생식기관인 꽃을 보호한다.

기본 정보

별칭 | 쿠쿠 파인트 (cuckoo pint)

과명 | 천남성과(Araceae)

도시 서식지 | 생울타리 아래

높이 | 30cm

결실 | 가을

용도 | 독성 물질, 가루, 직물에 풀을 먹이는 용도

재배 | 가을에 씨를 흩뿌린다.

수확 | 피부에 자극적이므로 장갑을 끼고 채취한다.

식물학자의 경고

아룸 마쿨라툼의 독성으로 인해 사람이 죽은 경우는 거의 없지만, 꽤 많은 소들이 매력적인 붉은 열매를 거리낌 없이 뜯어 먹고 때아닌 죽음을 맞았다. 이 식물은 피부, 조직, 장기에 자극을 일으키고 잠재적으로는 기관지에 치명적인 부종을 일으킬 수 있는 날카롭고 미세한 결정옥살산칼슘을 함유하고 있다.

Arum maculatum

WOOD ANEMONE

숲바람꽃

Anemonoides nemorosa

숲바람꽃은 자기가 행동해야 할 때를 안다. 오래된 숲 지대의 훼손되지 않은 땅을 좋아하는 이 식물은 이른 봄, 주변의 큰 나무와 생울타리에 잎이 나서 햇빛을 가리기 전에 서둘러 꽃을 피운다. 독특한 별 모양 꽃들이 숲 바닥에 눈부신 별자리를 만들어내는데, 요즘은 공원이나 정원, 마을 인근 묘지에서도 볼 수 있다. 그러나 이 꽃을 한 다발 꺾고 싶은 충동에 사로잡히면 절대 안 된다. 숲바람꽃은 훼손되면 매우 독성이 높은 화학 물질을 방출한다. 피부에 화상을 입을 수 있고, 혹시라도 섭취하면 더 나쁜 결과를 초래한다. 중국인들에게 숲바람꽃은 '죽음의 꽃'이다. 하지만 달리 보면 기발한 자기방어 수단을 가진 아름다운 식물이다.

해부학 노트

뿌리줄기 | 숲바람꽃의 섬세한 뿌리줄기는 매우 쉽게 분리되어 새로운 식물 개체를 많이 만들어낸다. 하지만 그 과정은 매우 느리다. 숲속에 커다란 띠를 형성하고 있는 숲바람꽃의 뿌리줄기가 있다면, 그곳이 아주 오래된 숲 지대라는 의미다.

꽃 | 어떤 문화권에서는 질병과 불운의 징조였지만, 로마인들은 이 꽃을 행운의 식물로 여겼다. 이른 봄에 한 송이를 따면 그해 더위를 물리칠 수 있다고 믿었는가 하면, 옛날 영국에서는 전염병을 막기 위해 처음 피는 숲바람꽃을 비단으로 싸두는 전통이 있었다. 꽃은 일찍 활동하는 벌들에게 꿀단지가 되어 준다. 날씨가 좋지 않을 땐 기다란 수술이 손상되지 않도록 꽃잎을 닫는다.

잎 | 잎의 모양 때문에 숲 까마귀발wood crowfoot이라고 불렸다는 오래된 기록이 있다.

기본 정보

별칭 | 숲 까마귀발(wood crowfoot)

과명 | 미나리아재비과(Ranunculaceae)

도시 서식지 | 낙엽수가 많은 그늘진 숲과 생울타리

높이 | 20cm

개화 | 3월~5월

용도 | 그늘진 곳에 심는 관상용 식물

재배 | 가을에 씨를 뿌린다.

수확 | 이 식물을 다룰 때는 반드시 장갑을 낀다.

식물학자의 경고

숲바람꽃은 가만히 두면 위험하지 않다. 하지만 식물체가 손상되면 세포 안에 있는 라눈쿨린이 프로토아네모닌으로 변한다. 매우 독성이 높은 화학 물질로, 타는 듯한 냄새가 나고, 만지면 화상을 입거나 물집이 생길 수 있다. 물론, 사람보다는 방목 가축들이 피해를 볼 가능성이 더 높다. 이 식물을 섭취하면 소화관을 자극하여 구토, 설사, 마비를 일으키고, 최악의 경우 죽음에 이를 수 있다. 정원에서 숲바람꽃을 다룰 일이 있을 땐 꼭 장갑을 착용해야 한다.

Anemonoides nemorosa

FOOL'S PARSLEY

유럽독미나리

Aethusa cynapium

여름과 잘 어울리는 유럽독미나리의 하얀색 꽃 뭉치는 도시 주변의 포장도로와 산책로를 따라 줄지어 피어난다. 마치 작은 솜털 구름으로 기상 전선을 형성한 모습이다. 유럽독미나리의 꽃은 곤충, 특히 파리에게 꽤 근사한 먹이를 대접하지만, 인간에게는 절대 아니다. 어린 유럽독미나리는 요리에 많이 쓰이는 파슬리를 닮았다. 하지만 바보 파슬리fool's parsley라는 뜻의 영어 이름이 경고하듯이, 이 식물을 먹었다간 바보가 될지도 모른다. 만약 실수로 먹었다면 금방 알게 된다. 입과 목구멍 안쪽에 타는 듯한 통증과 함께 물집까지 생길 수 있기 때문이다. 계속 진행되면 근육 마비, 구토, 감각 상실, 끝내는 죽음에 이를 수 있다. 먹지 말고 파리에게 양보하길.

해부학 노트

꽃 | 유럽독미나리 꽃다발은 매력적으로 보일지 모른다. 하지만 연인에게 독성 식물을 선물하는 사람들만큼이나 어리석음과 우둔함을 상징한다.

잎 | 유럽독미나리는 정원에서 저절로 자라날 수 있다. 하지만 파슬리밭에서 유럽독미나리를 발견하는 것은 정말 운 나쁜 일이다. 잎을 으깨면 이 둘을 구별할 수 있는데, 유럽독미나리는 생장 단계에 따라 냄새가 전혀 안 나거나 대단히 불쾌한 냄새가 난다. 잎은 식용 파슬리보다 훨씬 더 색이 짙다. 유럽독미나리의 잎은 우유를 소화하지 못하고 심하게 배앓이를 하는 아기들을 위한 동종 요법에 사용되어왔다. 아무리 그래도 갓난아기에게 독을 먹이는 엄마는 정말 용감한 사람이다.

기본 정보

별칭 | 도그 포이즌(dog poison)
과명 | 산형과(Apiaceae)
도시 서식지 | 정원, 생울타리, 도로변, 포장도로 가장자리
높이 | 1.2m
개화 | 6월~9월
용도 | 독성 물질, 꽃가루 매개 곤충들의 먹이
재배 | 가을에 씨를 뿌린다.

식물학자의 경고

유럽독미나리는 시노파인과 코닌이라는 독성 물질을 함유하고 있다. 시노파인은 입 안에서 타는 듯한 감각을 느끼게 하고, 코닌은 발에서부터 위쪽으로 근육 마비를 일으킨다. 많은 양을 섭취하게 되면 호흡기를 마비시켜 응급 처치를 하지 않으면 사망에 이를 수도 있다. 오믈렛의 가니시로는 식용 파슬리만 사용하자.

Aethusa cynapium

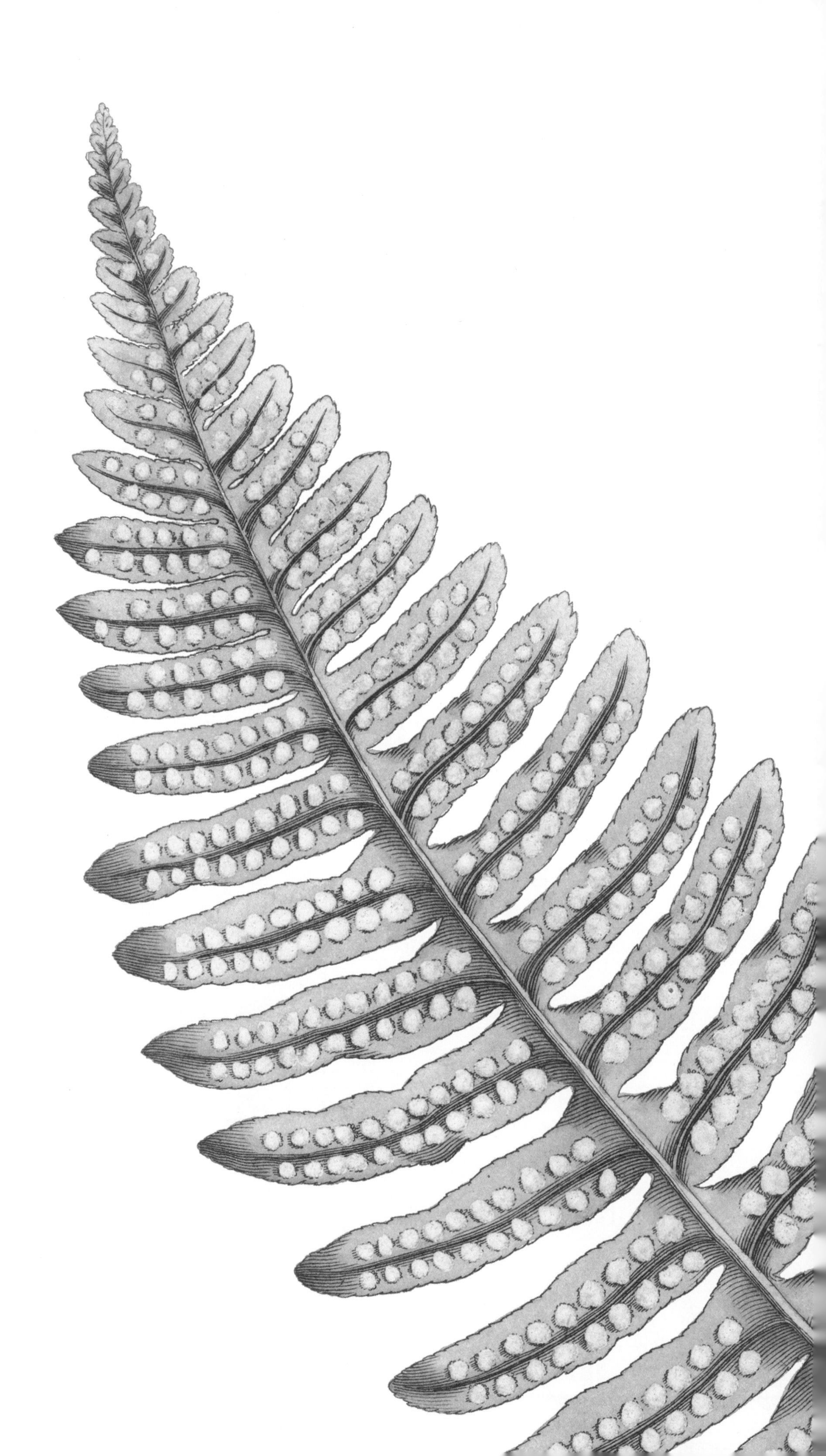

— H E A L —

치유의 식물

갖가지 통증, 오한, 질병 따위에서

벗어나게 해줄 자연 치유법을

야외 약국에서 찾아보자.

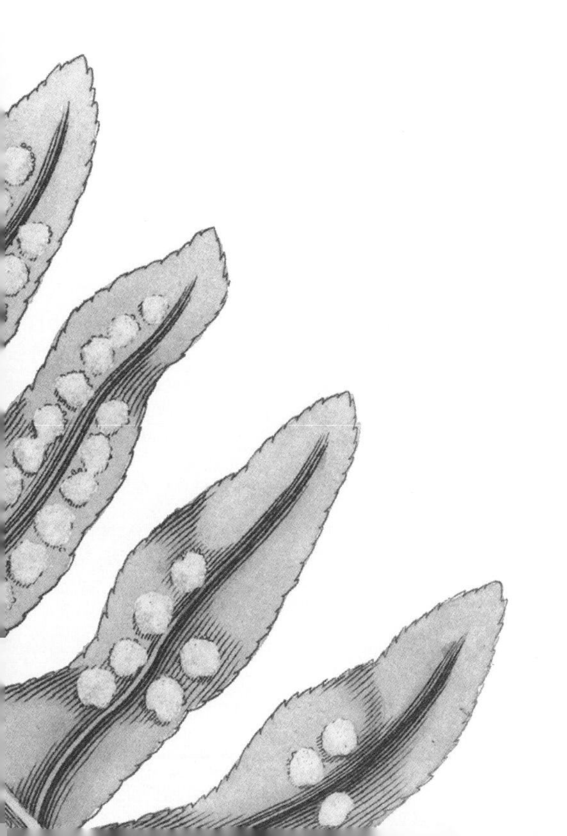

COWSLIP

프리물라 베리스

Primula veris

프리물라 베리스는 예전부터 목장과 건초용 목초지에서 흔히 자라던 꽃이다. 카우슬립 cowslip이라는 영어 이름에서 알 수 있듯, 소가 '빈둥거리는' 곳이면 어디든 자라는 풀이었는데, 집약적 농업이 성행하면서 시골 지역에서 급격히 쇠퇴했다. 버터 같은 노란색 꽃이 피는 프리물라 베리스는 고맙게도 도시의 도로변 풀밭 가장자리에서 은신처를 찾았다. 비록 이 식물의 우직한 동반자였던 소들은 곁에 없지만, 봄에 피는 꽃은 갖가지 겨울철 질환에 만병통치약이 될 수 있으며, 다가올 한 해를 대비해 심신에 원기를 북돋울 수 있다.

해부학 노트

꽃 | 찰스 다윈은 같은 종이지만 생식 기관이 미묘하게 다른 두 가지 유형의 프리물라 베리스 꽃을 발견했다. 꽃술의 길이가 서로 다른 이러한 특징을 이형화주異型花柱라고 하는데, 같은 유형끼리 꽃가루받이가 이루어지지 않도록 하여 근친교배를 막는다. 꽃은 수제 와인과 소다수, 샴페인 등 거품이 이는 음료에 감귤 향을 더하거나 주름 방지 세안제의 주성분으로 사용되는 등 여러 가지 용도로 쓰인다. 꽃 뭉치는 열쇠 꾸러미처럼 생겼는데 여기에 얽힌 이야기가 있다. 성 베드로가 천국의 열쇠가 복제된 것을 알고 놀라서 가지고 있던 열쇠 꾸러미를 떨어뜨렸는데, 그 자리에 프리물라 베리스가 자랐다고 한다. 그래서 성 베드로의 풀St. Peter's wort이라고 불리기도 한다.

잎 | 신선한 어린잎은 샐러드에 넣어 먹을 수 있다. 시큼한 맛을 덜어주는 드레싱을 곁들이면 좋다.

뿌리 | 약간의 사포닌 성분을 함유한 뿌리는 기침을 다스리는 약재로 사용되었다. 잘 말려서 보관해두고 1년 내내 사용할 수 있다.

기본 정보

별칭 | 성 베드로의 풀(St. Peter's wort)
과명 | 앵초과(Primulaceae)
도시 서식지 | 초지대
높이 | 30cm
개화 | 4월~6월
용도 | 치유를 위한 차, 잎과 꽃을 식용, 세안제
재배 | 가을에 씨를 뿌린다.
수확 | 이른 봄에 잎을 따고, 봄 중반에 꽃을 채취한다.

식물학자의 처방

차 | 프리물라 베리스 차는 기침, 감기, 두통, 불면증, 불안 등 많은 질병을 완화해줄 수 있다. 말린 꽃 2작은술 또는 신선한 꽃 4작은술을 끓는 물에 5~10분 정도 우려낸 후 걸러 마신다. 직접 기른 꽃이 가장 좋다.

Primula veris

FIELD SCABIOUS

크나우티아 아르벤시스

Knautia arvensis

더운 여름날 교통 체증에 갇혀 있는 동안 도로변에 일렁이는 크나우티아 아르벤시스 꽃들을 발견하면, 그 보송보송한 연보라색 꽃을 보는 것만으로도 즉각적인 치유 효과를 얻을 것이다. 초기 약초학자들은 이 식물의 거칠고 털이 많은 줄기가 거칠고 가려운 피부를 치료하는 데 매우 효과가 좋다고 믿었다. 어떤 식물의 겉모양이 우리의 신체 기관 특징과 비슷하면 그에 대한 효능이 있다고 보는 약징주의藥徵主義로 가장 잘 설명할 수 있다. 크나우티아 아르벤시스의 경우 그 이론이 잘 맞아떨어졌다. 한때 림프절 페스트와 옴 같은 피부병 치료에 쓰였으며, 지금도 여전히 다양한 피부 질환을 다스리는 약초 요법과 상품에 사용하고 있다.

해부학 노트

잎 | 크나우티아 아르벤시스는 한때 건초용 목초지와 초원에 가득했는데, 방목 가축들이 풍성한 잎을 뜯어 먹길 좋아해서 문제 될 것이 없었다. 영어 이름에 들어간 스케이비어스scabious는 긁는다는 뜻의 라틴어 스카베레scabere에서 유래했지만, 단지 가려운 피부를 치료하는 데만 쓰인 것은 아니었다. 잎을 우려낸 물은 기침, 감기, 심장 질환에 사용했고, 흉막염을 다스리기 위해 잎으로 와인을 담가 마셨다. 으깬 잎을 종기에 몇 시간 동안 발라두면 감염 치료에 도움이 될 수 있다.

꽃 | 우아한 곡선을 이루는 꽃 뭉치는 많은 수의 꽃가루 매개 곤충들을 위한 완벽한 착륙장이다. 옛날에는 처녀들이 크나우티아 아르벤시스 꽃을 몇 송이 따서 각각에 예비 구혼자들의 이름을 붙였는데, 그중 가장 잘 피는 꽃에 붙인 이름의 주인공이 남편감이라고 여겼다.

기본 정보

별칭 | 집시 장미(gypsy rose), 학사 단추(Bachelor's button)
과명 | 인동과(Caprifoliaceae)
도시 서식지 | 길가, 건조한 초지대
높이 | 90cm
개화 | 7월~9월
용도 | 피부 관리
재배 | 봄에 씨를 뿌린다.
수확 | 여름에 꽃을 딴다.

식물학자의 처방

피부 연고 | 직접 길러 말린 꽃 130g과 기름올리브유 추천 450mL를 냄비에 넣고 끓는 물이 담긴 팬에서 중탕으로 1시간가량 가열한다. 체에 거른 후 멸균된 병에 보관한다. 이렇게 꽃을 우려낸 기름은 보존 기간이 6개월 정도다. 보존 기간을 1년 정도까지 늘리고 싶다면 이 기름에 야자유 50mL와 밀랍 30g을 넣고 다시 중탕 가열한다. 전자레인지를 사용하는 것도 괜찮다. 마지막으로, 멸균된 통에 붓고 식힌다.

Knautia arvensis

BROAD-LEAVED DOCK

돌소리쟁이

Rumex obtusifolius

돌소리쟁이는 약초로 잘 알려진 식물이다. 영어 이름에 들어간 닥dock도 의사의 줄임말인 닥doc과 비슷하다. 종종 강적인 쐐기풀 근처에서 풍성하게 자라는데, 우리 모두를 약초학자로 만들어주는 훌륭한 치료제라 할 수 있다. 흔해 빠진 잡초인 돌소리쟁이의 잎은 요리 재료로도 활용할 수 있다. 버터에 볶거나 살짝 데쳐 먹으면 가장 좋다. 물론, 이 소박한 요리로 어떤 상을 받긴 어려울 것이다. 하지만 이 식물에서 먹이를 얻거나 보금자리를 마련하는 수많은 곤충은 분명 높은 점수를 줄 것이다. 점점 사라져가는 작은주홍부전나비도 그중 하나다. 마땅히 귀하게 여길 만한 잡초다.

해부학 노트

씨앗 | 돌소리쟁이는 씨앗을 많이 만들어 어디서나 자라는 탓에 잡초라는 딱지가 붙었다. 많은 약초꾼들이 말하듯, 정원 잡초를 퇴치하는 가장 좋은 방법은 먹어서 없애는 것이다. 돌소리쟁이 씨앗은 영양가가 풍부하며 가루를 내어 제빵용 밀가루에 첨가할 수도 있다.

잎 | 식용으로는 어린잎이 가장 좋긴 하지만 생잎으로 먹었을 때는 아주 쓴 맛이 나므로 익혀 먹는다. 버터와 잘 어울리는데, 한때는 버터를 싸는 포장재로 쓰기도 했다. 버터를 충분히 감쌀 만큼 큼직해서 버터 닥butter dock으로 부르기도 한다. 루마니아에서는 전통 양배추 말이 요리인 사르말레sarmale에 때때로 양배추 대신 돌소리쟁이 잎을 사용하기도 한다.

뿌리 | 뿌리를 우린 차는 호흡기 질환, 변비, 황달을 다스리는 전통적인 약초 처방이다.

식물학자의 처방

쏘임 증상 완화제 | 산책을 즐기다 보면 한 번쯤은 쐐기풀에 쏘이게 마련이다. 돌소리쟁이는 즉석에서 무료로 얻을 수 있는 치료제다. 잎을 으깨어 환부에 바르면 된다. 잎 중심에 있는 주맥과 더 작은 지맥들에서 수액이 많이 나오도록 하는 것이 중요하다. 수액에 진정 효과가 있는 천연 항히스타민제가 들어 있다고 주장하는 사람들도 있지만, 아직 정확히 알려진 바가 없다. 어떤 사람들은 수액이 증발하면서 쏘인 부위를 시원하게 한다고 여기지만, 다른 사람들은 단지 플라세보 효과라고 말한다. 누가 옳든 간에, 돌소리쟁이가 정말로 도움이 된다는 데는 이견이 없다.

기본 정보

별칭 | 닥 리프(dock leaf), 버터 닥(butter dock)
과명 | 마디풀과(Polygonaceae)
도시 서식지 | 초지대, 숲, 정원에 널리 퍼져 자란다.
높이 | 1m
개화 | 7월~10월
용도 | 쏘임 증상 완화, 잎과 씨앗을 식용
재배 | 봄에 씨를 뿌린다.
수확 | 봄에 요리용 어린잎을 수확하고, 가을에 씨앗을 받는다.

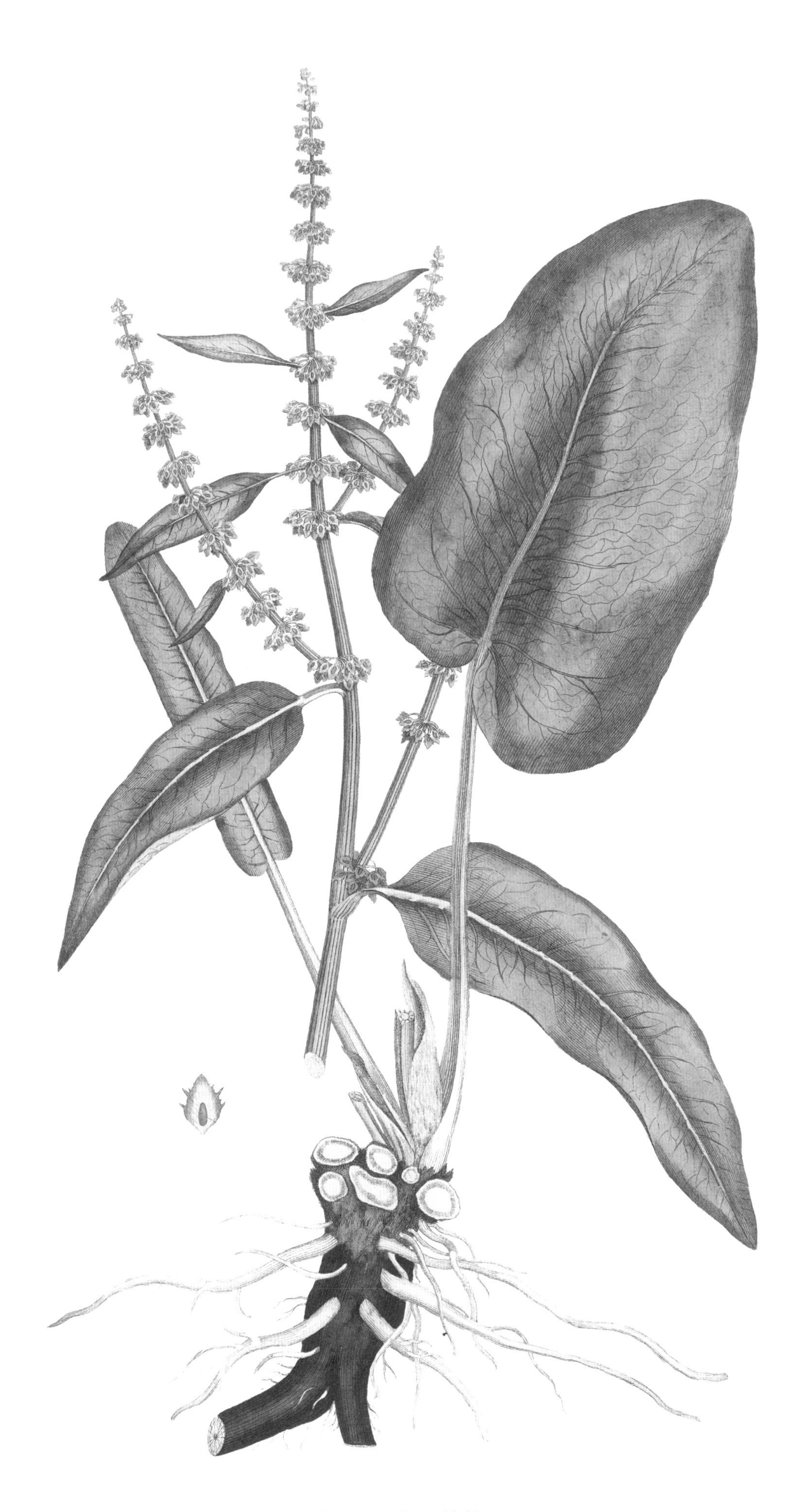

Rumex obtusifolius

FUMITORY

둥근빗살현호색

Fumaria officinalis

둥근빗살현호색은 서로 앞다투어 자라며 마치 낮게 깔린 연기처럼 도롯가에 구름을 드리운다. 안개가 낀 듯한 회록색 잎들, 끝부분이 거의 진홍색으로 빛을 발하는 분홍색 꽃들이 환상적인 풍경을 만들어낸다. 둥근빗살현호색은 오랫동안 연기와 관련을 맺어왔다. 로마 시대 박물학자 대大플리니우스도 이 식물의 수액을 눈에 문지르면 매캐한 연기가 들어간 것처럼 눈물이 난다고 자신의 저서《자연사*Naturalis Historia*》에 기록했다. 둥근빗살현호색은 고대부터 약초학자들이 관절염부터 탁한 혈액에 이르기까지 수많은 질환을 다스리는 데 사용했다. 종명인 오피키날리스*officinalis* 역시 '약효가 있다'는 뜻이다. 요즘도 일부 피부 관리 제품에 유효 성분으로 쓰인다.

해부학 노트

꽃 | 약초학자들은 딸꾹질을 멈추게 할 수 있는 소화 촉진 차를 만드는 데 말린 꽃을 사용했다. 차는 차갑게 식혀 세안제로 쓰기도 했다. 보라색 꽃은 직물과 화장품용 노란색 염료를 만들어낸다.

잎 | 간과 비장 질환 치료제부터 목이 아플 때 쓰는 가글액을 만드는 데까지, 오랜 세월 약용으로 널리 이용됐다. 한때 악마를 쫓기 위해 잎을 태우기도 했고, 최근에는 치즈를 만들 때 우유 응고제로도 사용했다. 하지만 독성이 있어 집에서 사용하는 것은 위험하다.

줄기 | 줄기는 날것일 때 독성을 띤 라텍스 수액을 함유하고 있다.

뿌리 | 둥근빗살현호색의 뿌리를 땅에서 뽑으면 가스 같은 냄새가 나기도 한다. 아마도 이 때문에 둥근빗살현호색이 씨앗에서 자라는 게 아니라, 땅에 존재하는 천연의 연기로부터 왔다는 고대의 믿음이 생겼을 것이다. 푸미토리fumitory라는 영어 이름은 땅의 연기라는 뜻의 중세 라틴어 이름인 푸무스 테라이fumus terrae에서 유래했다.

기본 정보

별칭 | 밀랍 인형(wax dolls)
과명 | 양귀비과(Papaveraceae)
도시 서식지 | 풀이 우거진 길가, 황무지, 정원
높이 | 10cm
개화 | 5월~9월
용도 | 화장품, 차, 세안제
재배 | 가을에 씨를 뿌린다.
수확 | 봄에 잎을 딴다.

식물학자의 처방

둥근빗살현호색은 독성이 있어서 가정에서 치료용으로 쓰기에는 안전하지 않다. 하지만 화학자들은 1950년대부터 이 식물에서 얻을 수 있는 푸마르산 화합물을 마른버짐 치료에 이용했다. 부작용으로 흔하게 배탈이 나므로 안정적으로 사용하려면 더 많은 연구가 필요하다.

Fumaria officinalis

COMMON POLYPODY

미역고사리

Polypodium vulgare

미역고사리는 자그마한 상록 양치식물로, 대자연이 형광펜으로 마구 휘갈겨놓은 듯 생생한 색깔을 띠고 담장과 포장도로에 줄지어 자란다. 작은 식물이지만 목이 아플 때 꽤 도움이 된다. 뿌리를 차로 우려 마시면 놀랍도록 달달하고, 특히 따끔거리는 후두를 달래주는데 그만이다. 아마 그 효능을 깨닫기도 전에 한 대접씩 벌컥벌컥 마시게 될 것이다. 하지만 설사가 나게 하는 효능도 약간 있음을 염두에 두자. 뿌리는 가을에 수확하는 것이 가장 좋고, 잘 말리면 1년 내내 활용할 수 있다.

해부학 노트

뿌리 | 뿌리에는 설탕보다 적어도 500배 이상 더 달콤한 물질인 오슬라딘이 들어 있다. 천연 감미료로 사용할 수 있는데, 때때로 캔디의 일종인 누가nougat 제품에 사용한다. 또한 뿌리 차는 남성의 성욕을 증가시킨다고 전해진다. 미역고사리는 매우 축축한 숲에서 착생식물로 삶을 영위한다. 나뭇가지 위에 자리를 잡고 흙이나 나무보다는 공기와 주변 환경으로부터 수분과 양분을 흡수하며 살아가는 것이다. 노르웨이에서는 보통 5월제 전에 미역고사리로 만든 죽을 먹었다. 그러면 남은 해 동안 뱀에 물리지 않을 것이라고 믿었기 때문이다.

포자 | 잎의 뒷면에 포자가 모여 선명한 주황색 돌기들을 두 줄로 형성한다. 포자가 성숙하면 바람결에 퍼져나간다. 인내심 많은 정원사는 봉투에 포자를 수집해서 무균 배양토에 뿌린다. 적절한 온도와 습도를 유지해주면 몇 달 후 발아가 시작된다.

식물학자의 처방

차 | 목이 아플 때 미역고사리 차를 마시거나 목구멍을 헹구면 좋다. 가을에 수확한 깨끗하고 신선한 뿌리를 이용한다. 다른 계절에는 말린 뿌리를 사용한다. 잘게 썰어 2~3작은술을 컵에 넣는다. 끓는 물을 붓고 5분 동안 우린 다음 체에 거른다.

기본 정보

별칭 | 골든 메이든헤어(golden maidenhair), 살무사의 고사리(adder's fern)

과명 | 고란초과(Polypodiaceae)

도시 서식지 | 축축하고 그늘진 틈새

높이 | 30cm

개화 | 꽃은 피지 않지만 연중 볼 수 있는 상록식물이다.

용도 | 차, 천연 감미료

재배 | 봄에 식물을 구매해 자리를 잡아준다.

수확 | 가을에 뿌리 채취

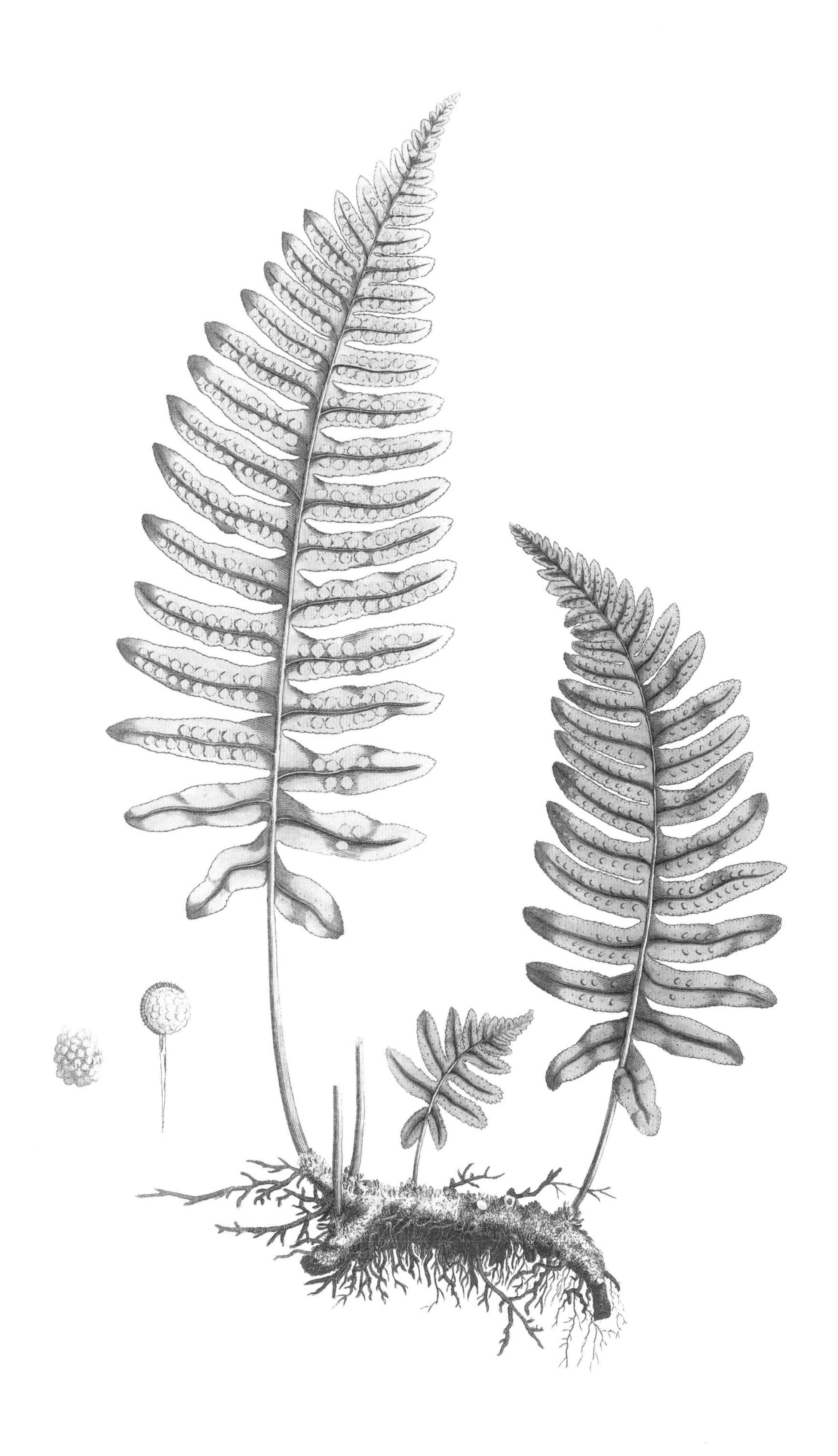

Polypodium vulgare

DAISY

데이지

Bellis perennis

그녀는 나를 사랑한다, 사랑하지 않는다, 사랑한다, 사랑하지 않는다…. 데이지 꽃잎을 하나씩 따면서 하는 놀이다. 봄을 맞이하여 날씨가 좋아지면서 공원과 정원마다 데이지 꽃이 카펫처럼 깔린다. 영국인에게 아주 친숙한 작고 앙증맞은 이 꽃은 대개 아이들이 가장 먼저 이름을 알게 되는 꽃이자, 가장 먼저 따는 꽃이며, 가장 먼저 갖고 노는 꽃이다. 어린이를 위해 완벽하게 디자인된 꽃인 셈이다. 스코틀랜드에서는 아예 어린이 풀bairnwort이라고 부르기도 한다. 데이지는 갓 생긴 상처와 멍을 치료하는 데도 탁월하며, 놀이터에서 바로 따서 사용할 수도 있다. 도심 거리에서 응급처치를 하기 위한 필수 식물인 셈이다.

해부학 노트

꽃 | 데이지 꽃잎을 하나씩 뽑으며 '그는 나를 사랑한다, 사랑하지 않는다' 하며 읊조릴 때, 사실은 매번 개별적인 꽃을 하나씩 떼어내는 셈이다. 작은 꽃 뭉치를 형성하는 노란 눈처럼 생긴 중심부와 가장자리 하얀 꽃잎들은 모두 개별적인 낱꽃들이 빼곡히 모인 것이다. 흰색 낱꽃은 암꽃으로만 이루어져 있으며, 가운데 노란색 낱꽃은 암수한꽃으로 제꽃가루받이를 한다.

잎 | 잎을 우린 차는 수 세기 동안 발열, 간 질환, 그 밖의 많은 질병에 사용되었다. 로마 시대 군의관들은 전투 전에 데이지즙으로 적신 붕대를 준비하여 상처에 바를 수 있도록 했다. 꽃과 함께 잎도 샐러드에 넣어 먹을 수 있다. 쓴맛이 살짝 나므로 다른 잎과 함께 즐기거나, 발사믹 식초와 허브 가루를 조금 넣고 버터에 살짝 볶아 먹으면 가장 맛있게 먹을 수 있다. 데이지 알레르기가 있는 사람도 있으니 주의한다.

뿌리 | 뿌리를 달인 물은 습진과 괴혈병 치료에 사용할 수 있다. 과학자들은 에이즈HIV 치료를 위해 데이지 뿌리와 잎 등의 추출물을 연구하고 있다.

기본 정보

별칭 | 타박상 풀(bruisewort), 어린이 풀(bairnwort)

과명 | 국화과(Asteraceae)

도시 서식지 | 풀밭과 길가에 흔하다.

높이 | 10cm

개화 | 4월~10월

용도 | 상처와 타박상 치료용, 식용

재배 | 봄에 씨를 뿌린다.

수확 | 필요에 따라 채취한다.

식물학자의 처방

타박상 치료제 | 타박상을 입었을 때는 곧바로 신선한 데이지 잎을 한 움큼 딴다. 잎을 잘게 찢거나 으깨어 환부에 바른 후 가능하다면 붕대 혹은 가까이에서 구할 수 있는 천 조각으로 감아 몇 시간 동안 고정한다. 필요하다면 여러 번 반복한다.

Bellis perennis

GERMAN CHAMOMILE

저먼캐모마일

Matricaria chamomilla

무더운 도시의 여름날, 데이지 꽃을 닮은 저먼캐모마일은 순식간에 평온함을 가져다준다. 포장도로의 갈라진 틈새부터 황무지까지, 곳곳에서 피어오르는 꽃들은 포근한 흙냄새와 달콤한 사과 향이 섞인 듯한 치유의 향기로 대기를 채운다. 차 역시 풍미가 좋으며 진정 효과가 있어 소화와 숙면을 돕는다. 맛은 물론이고, 항균, 항진균, 항바이러스, 항염증 효과까지 있는 저먼캐모마일 꽃 차 한두 잔은 단점을 찾기 어렵다.

해부학 노트

꽃 | 저먼캐모마일을 우려낸 물을 차게 식혀 금발 머리에 린스로 사용하면 윤기 나는 머릿결을 유지할 수 있다. 바디워시로는 누구나 사용해도 된다. 저먼캐모마일 꽃은 정말 다방면으로 쓰임새가 많다. 향기가 좋을 뿐 아니라 항알레르기 효능까지 지니고 있어 화장품에 첨가하고, 황금빛 도는 노란색 직물 염료를 만들어낼 수 있으며, 천연 벌레 퇴치제로도 효과가 좋다. 역사적으로는 사랑의 묘약으로 사용하기도 했다.

잎 | 잎은 먹을 수 있는데, 이른 봄에 가장 맛이 좋다. 샐러드에 넣거나 케이크를 장식해 은은한 꽃향기가 나게 할 수도 있다. 잎과 꽃에서 추출한 방향유는 오늘날 많은 향수에 사용한다.

식물학자의 처방

차 | 신선한 꽃 혹은 말린 꽃으로 캐모마일 차를 만들 수 있다. 꽃을 말릴 때는 햇볕에 일주일 동안 널어놓거나, 오븐에서 가장 낮은 온도로 8시간 정도 건조한다. 완전히 마르지 않으면 보관하는 동안 곰팡이가 피어 전부 버려야 할 수도 있다. 차를 만드는 방법은 간단하다. 저먼캐모마일 꽃 뭉치 1~2작은술을 컵에 넣은 후 끓는 물을 붓고 5분 동안 우린다. 라벤더 줄기를 함께 넣고 우려낸 차를 마시면 숙면에 도움이 된다.

기본 정보

별칭 | 센티드 메이위드 (scented mayweed)
과명 | 국화과(Asteraceae)
도시 서식지 | 따뜻하고 양지바른 곳
높이 | 30cm
개화 | 6월~8월
용도 | 소화와 진정 효과를 내는 차
재배 | 봄에 씨를 뿌린다.
수확 | 여름에 꽃 뭉치를 수확한다.

Matricaria chamomilla

MILK THISTLE

흰무늬엉겅퀴

Silybum marianum

흰무늬엉겅퀴의 대리석 무늬 같은 하얀 잎맥은 에스프레소에 우유 거품을 얹어 개성 있는 무늬를 낸 마키아토를 연상케 한다. 바리스타에게는 달갑지 않게 들릴지 모르지만, 광란의 밤을 보낸 후에는 진한 커피보다는 뜨거운 흰무늬엉겅퀴 차를 한 잔 마시길 권한다. 자주 과음하는 사람들의 간 기능을 높여주는 약초 처방인 셈이다. 항산화 물질이 풍부한 구수한 차는 간경변부터 황달까지 간 질환을 예방하고, 소화기 계통의 순환을 촉진해 신체가 빠르게 회복하도록 돕는다. 그뿐 아니라 장에도 아주 좋다. 다만, 수확할 때는 가시에 손이 찔리지 않도록 조심해야 한다.

해부학 노트

씨앗 | 최상의 효과를 내는 흰무늬엉겅퀴 차는 말린 씨앗으로 만든다. 차를 좋아하지 않는다면 씨앗을 볶아서 카페인 없는 커피에 첨가해도 된다. 씨앗에서 짜낸 기름을 이용하는 사람들도 있는데, 효능은 비슷하다.

꽃 | 꽃 뭉치에 나 있는 날카로운 가시를 잘 처리하면, 육질이 없어 빈약하긴 해도, 아티초크처럼 먹을 수 있다. 곤충은 꽃에서 더 많은 것을 얻어갈 수 있으니, 꽃가루 매개자들을 위해 꽃을 남겨 두는 것이 좋다.

잎 | 먹을 수 있으며 간에 좋다. 단, 가시부터 제거해야 한다.

뿌리 | 약초꾼들은 뿌리를 날것으로 먹거나 삶아서 먹는다. 어린뿌리 역시 말려서 차로 우려낼 수 있다.

식물학자의 처방

숙취 해소용 차 | 흰무늬엉겅퀴 씨앗을 말려 손절구에 빻거나 믹서에 갈아 가루를 낸다. 머그잔 한 컵 정도의 물에 가루 2작은술을 넣고 몇 분간 끓인 후, 잘 우러나도록 15분 정도 기다린다. 체로 걸러 마신다. 레몬버베나를 약간 섞으면 감귤 향이 추가되고 음주 다음 날의 원기 회복을 돕는다.

기본 정보

별칭 | 밀크 시슬(milk thistle), 블레스드 시슬(blessed thistle)
과명 | 국화과(Asteraceae)
도시 서식지 | 황무지, 길가, 경작지
높이 | 1.5m
개화 | 7월~9월
용도 | 간 기능 개선
재배 | 늦봄에 씨를 뿌린다.
수확 | 봄에 뿌리를 캐고, 가을에 씨앗을 채종한다. 항상 장갑을 끼고 수확한다.

Silybum marianum

WILD VALERIAN

설령쥐오줌풀

Valeriana officinalis

설령쥐오줌풀의 진정 효과는 고대부터 매우 값지게 여겨왔다. 하지만 오늘날까지도 이 식물의 화학 성분들이 정확히 어떻게 작용하는지는 다 알지 못한다. 의학의 아버지로 알려진 히포크라테스와 갈레노스는 설령쥐오줌풀 뿌리 추출물의 진정 효능에 관해 극찬한 바 있다. 그 이후로 의사들은 불면증, 간질, 근육 경련, 다수의 신경 질환을 완화하기 위해 이 식물을 사용했다. 중세 약초학자들은 설령쥐오줌풀이 전장에 나서는 남자들에게 평온함을 가져다준다고 믿었다. 그리고 두 차례의 세계대전에서 전쟁 신경증을 완화하는 데 이 식물을 사용했다. 놀라운 치유 효능은 학명에 잘 나타나 있다. 속명인 발레리아나*Valeriana*는 건강해진다는 뜻의 라틴어 발레레valere에서 유래했으며, 종명인 오피키날리스*officinalis*는 대단히 중요한 약초에만 붙이는 이름이다.

해부학 노트

줄기 | 포복경이라 불리는 수평 줄기는 지면을 따라 기어가며 새로운 줄기와 뿌리, 궁극적으로는 모체 식물의 완벽한 클론을 형성한다. 설령쥐오줌풀은 이런 방식으로 빠르게 퍼져나가 재배하기가 쉽다.

꽃 | 꽃은 바닐라 같은 달콤한 향기를 강하게 내뿜는다. 꽃에서 추출한 방향유는 향수에 사용되었다.

뿌리 | 달콤한 향기가 나는 꽃과 달리 뿌리에서는 고릿한 발 냄새를 연상케 하는 톡 쏘는 냄새가 난다. 말린 뿌리는 차, 팅크, 기름, 추출물 등을 통해 의약용, 치료용으로 사용된다. 또한 개박하 대체용으로, 혹은 쥐덫의 미끼로 사용할 수도 있다.

씨앗 | 설령쥐오줌풀은 바람에 쉽게 날리는 솜털 같은 '낙하산'을 가진 씨앗들 덕분에 널리 퍼져나간다.

잎 | 인 성분이 풍부한 잎은 퇴비 속 박테리아 활동을 촉진하므로 효과 좋은 액체 비료의 주성분으로 쓸 수 있다.

기본 정보

별칭 | 올힐(all-heal), 커먼 발레리안(common valerian)

과명 | 인동과(Caprifoliaceae)

도시 서식지 | 물가 근처 축축한 토양

높이 | 1.5m

개화 | 6월~7월

용도 | 의약용, 진정제, 진통제

재배 | 봄에 모종을 구해 제대로 옮겨 심는다.

수확 | 이듬해 가을에 뿌리를 수확한다.

식물학자의 처방

차 | 설령쥐오줌풀 차는 잠 자기 전에 마시면 좋다. 불안을 가라앉혀 숙면을 돕는다. 신선한 뿌리 또는 말린 뿌리 2g을 깨끗이 씻어 잘게 썬다. 끓는 물 200mL를 붓고 15분 동안 우린다. 체로 걸러내고 입맛에 맞게 꿀을 넣어 마신다.

Valeriana officinalis

ROSEBAY WILLOWHERB

분홍바늘꽃

Epilobium angustifolium

분홍바늘꽃은 인간의 활동이나 자연재해 등으로 훼손된 땅을 좋아한다. 종종 재해가 발생한 지역에 가장 먼저 출현하곤 하는데, 대공습 이후 폐허가 된 런던 거리에 우아한 분홍색의 원뿔 모양 꽃들이 빠른 속도로 퍼져나갔다. 이 식물은 회복의 상징이 되었고, 나중에는 수도인 런던을 상징하는 꽃이 되었다. 진정한 개척자인 분홍바늘꽃은 손상된 토양의 회복을 돕고 다른 식물들이 뒤이어 자랄 수 있는 길을 마련해준다. 그 밖에도 쓸모가 많다. 러시아인들은 분홍바늘꽃으로 이반 차이Ivan chai라는 잎 차를 만들어 마시는데, 치유와 진정 효과가 뛰어나 원기 회복에 좋다. 히틀러는 이 차의 효능을 심히 우려한 나머지 붉은 군대의 전력을 약화하기 위해 러시아의 차 공장을 파괴하려 했다고 한다.

해부학 노트

씨앗 | 솜털로 뒤덮인 씨앗 머리를 말리면 모닥불을 지필 불쏘시개를 얻을 수 있다. 이불을 더 따뜻하게 만들기 위해 깃털과 함께 충전재로 사용할 수 있다.

꽃 | 꽃으로 시럽과 젤리를 만들 수 있고, 옷에 문지르면 방수 효과가 난다.

잎 | 어린잎은 채소 샐러드를 장식하고 새싹은 살짝 찌거나 구워 바비큐에 곁들일 수 있다. 잎맥이 가장자리까지 뻗지 않고 고리 모양으로 서로 연결되어 흐르는 점이 매우 특이하다.

줄기 | 줄기는 실이나 끈으로 만들 수 있다. 줄기의 속 부분을 잘 말린 후 가루를 내어 피부에 바르면 추위에 대비할 수 있다.

뿌리 | 익힌 뿌리는 먹을 수 있고, 신선한 뿌리는 껍질을 벗기고 으깨어 화상을 입은 피부에 습포제로 쓸 수 있다.

기본 정보

별칭 | 밤위드(bombweed), 파이어위드(fireweed)

과명 | 바늘꽃과(Onagraceae)

도시 서식지 | 훼손지, 길가, 숲속 빈터, 황무지

높이 | 1.5m

개화기 | 7월~9월

용도 | 약용, 식용, 차, 밧줄, 토양 관리, 관상용

재배 | 봄에 씨를 뿌린다.

수확 | 봄에 잎을 딴다.

식물학자의 처방

이반 차이 | 분홍바늘꽃 발효차는 카페인이 없으며 건강에 놀라운 효능이 있다고 애호가들은 말한다. 항염증제로 소화를 돕고 불면증을 완화해주며 활력과 면역력을 높여준다는 것이다. 꽃이 피기 전인 봄에 어린잎을 채취하여 으깨어 단지에 넣고 누름돌을 얹은 후 밀봉한다. 일주일 동안 매일 발효 가스를 빼주면서 곰팡이가 생기지 않고 좋은 냄새가 나는지 확인한다. 일주일이 지난 후에는 완전히 말린다. 차를 우릴 때는 끓는 물보다는 아주 뜨거운 정도의 물이 좋다. 최소한 5분 정도 우린 후 체로 거른다. 기호에 따라 꿀을 첨가하여 마신다.

The down of the seeds,
mixed with beavers' hair,
has been manufactured
into several articles
of clothing

W. Curtis

Epilobium angustifolium

MILKWEED

작은땅빈대

Euphorbia peplus

우유를 엎지르고 나서 울어봐야 소용없다는 속담이 있다. 그러나 작은땅빈대의 유액을 피부에 흘리면 훌쩍훌쩍 울지도 모른다. 줄기가 끊어졌을 때 나오는 유액이 피부에 닿으면 화끈거리고 물집이 생기기 때문이다. 하지만 오래전부터 약초학자들은 세포 조직을 손상하는 작은땅빈대의 속성을 최대한 활용해 사마귀를 포함한 여러 피부 질환을 치료해왔다. 오늘날 과학자들은 작은땅빈대 유액이 일부 피부암 치료에 효과가 있음을 밝혀내고 있다.

해부학 노트

꽃 | 눈에 확 띄는 라임그린색 잎들을 보고 꽃이 만발한 것으로 착각하기 쉬운데, 그것은 포엽들의 집합체다. 포엽은 꽃 주변을 둘러싸고 있는 변형된 잎들로, 진짜 꽃보다 매력적인 경우가 많다. 작은땅빈대의 진짜 꽃은 아주 작은 녹색 알갱이 모양으로, 새로 난 작은 잎처럼 보인다.

씨앗 | 씨앗에 딸린 과육질은 개미가 붙잡을 수 있는 손잡이 같은 역할을 하여 개미가 이 식물을 널리 퍼뜨리는 데 도움이 된다. 작은땅빈대 씨앗은 일단 땅속에 묻히면 발아하기 전까지 100년까지도 생존할 수 있다.

줄기 | 독성이 있는 유액은 케냐에서 사냥용 화살촉에 사용했다.

잎 | 잎을 끓여 만든 분무액을 정원이나 화단에 살포하면 민달팽이와 달팽이를 퇴치할 수 있다.

기본 정보

별칭 | 페티 스퍼지(Petty spurge)

과명 | 대극과(Euphorbiaceae)

도시 서식지 | 그늘진 보도블록 틈새와 정원의 화단

높이 | 20cm

개화기 | 4월~10월

용도 | 약용, 독성 물질

재배 | 봄에 씨를 뿌린다.

수확 | 필요에 따라 채취하되, 반드시 장갑을 낀다.

식물학자의 처방

사마귀 치료 | 사마귀의 표면을 문질러 각질층을 제거한다. 주변 피부에 묻지 않도록 유의하며, 작은땅빈대 줄기를 잘라 나온 유액을 살짝 바른다. 약간 따끔거릴 수도 있다. 사마귀를 치료한 손가락으로 눈을 만지면 안 된다. 필요하다면 일주일 정도 붕대나 드레싱으로 덮어준다. 과민 증상이 나타나면 중단하고 전문가나 의사와 상의한다.

Euphorbia peplus

COMFREY

컴프리

Symphytum officinale

컴프리의 곧은뿌리는 땅속 깊이 파고들어 경쟁자들이 접근할 수 없는 양분에 도달한다. 추가 연료를 확보한 이 식물은 빠르게 자라 물가의 길을 점령하는데, 털이 많은 잎들과 아래로 늘어지는 분홍색, 파란색 꽃들과 함께 풍성하게 군락을 이룬다. 컴프리는 세포를 자극하는 특성이 있어 수 세기 동안 온갖 종류의 부상을 치료하는 데 사용되었다. 심지어 골절상에도 사용했을 정도로 효능이 대단한 식물이다. 이런 이유로 민간에서는 뼈를 접합한다는 뜻을 담아 니트본knitbone으로 부른다. 한편, 유기농 정원사들은 토마토와 가지처럼 거름을 많이 줘야 하는 작물에 영양가 높은 비료가 되어주는 컴프리를 귀하게 여긴다. 그야말로 경이로운 식물이다.

해부학 노트

씨앗 | 컴프리는 씨앗을 많이 만들어 빠르게 퍼뜨린다. 정원에 필요 이상으로 퍼지는 것을 막으려면 자연 교배로 만들어진 '보킹 14Bocking 14' 품종을 심는 것이 좋다. 이 품종은 씨를 맺지 못하는 불임성 꽃이 핀다.

잎 | 잎은 약간 자극적인 냄새가 나긴 하지만 훌륭한 비료가 된다. 필요에 따라 수확하여 뚜껑이 있는 용기에 담는다. 수확 후에도 잎들은 빠르게 다시 자라난다. 잎 속에 든 영양분을 압착하기 위해 누름돌을 얹어두고 뚜껑을 덮는다. 3주 후면 물뿌리개에 넣을 수 있는 농축액이 나오는데, 물과 10:1 정도로 섞어서 사용하면 된다.

뿌리 | 뿌리는 잎보다 훨씬 더 강력한 효능을 낸다. 뿌리를 갈아 골절된 부위에 바르면 빠른 치유와 접합에 효능이 있다고 하여 수 세기 동안 사용해왔다.

기본 정보

별칭 | 니트본(knitbone), 브루즈워트(Bruisewort)
과명 | 지치과(Boraginaceae)
도시 서식지 | 강둑, 도랑, 길가
높이 | 1m
개화기 | 5월~7월
용도 | 상처와 골절 치료, 비료, 동물 사료
재배 | 가을에 모종을 구해 제대로 옮겨 심는다.
수확 | 봄에 어린잎을 딴다.

식물학자의 처방

압박 붕대 | 타박상, 염좌, 접질림, 관절통에 사용할 붕대가 필요할 때 컴프리를 이용해보자. 컴프리 잎을 삶은 물에 플란넬 천을 담가 붕대를 만들어 따뜻하거나 차갑게 해서 환부에 감는다.

Symphytum officinale

ST. JOHN'S WORT

서양고추나물

Hypericum perforatum

고대 약초학자들은 종종 식물의 겉모습을 보고 쓸모를 직관했다. 여름 햇살을 온몸으로 흡수하고, 행복감을 주는 노란 꽃들이 풍성하게 피어나는 서양고추나물을 보고 약초학자들은 우울증 완화에 효과가 있으리라 생각했다. 현대 연구는 서양고추나물 차가 초기나 중기 우울증을 치료하는 데 항우울제만큼이나 효과가 있음을 밝혀냈다. 그뿐 아니라 부딪히거나 벤 데, 멍든 곳이나 햇볕에 그을린 화상을 치료하는 항균제 및 항염증제로 매우 효능이 좋다. 서양고추나물의 개화는 하지 무렵과 성 세례 요한 축일St. John's Day, 6월 24일에 절정에 이르는데, 전통적으로 이 시기에 집 안을 꾸미고 나쁜 기운을 막기 위해 꽃을 수확했다. 그래서 이 식물의 영어 이름이 세인트 존스 워트St. John's wort다.

해부학 노트

꽃 | 꽃잎을 자세히 보면 미세한 구멍처럼 생긴 검은 점들이 보인다. 서양고추나물의 종명 페르포라툼*perforatum*도 구멍이 있다는 뜻인데, 꽃잎의 검은 점들은 작은 분비샘이다. 으깨어지면 독특한 향기와 붉은 즙이 나와서 벌레와 초식동물이 먹지 못하게 하는 효과를 낸다. 전통적인 벌꿀 술에 서양고추나물 꽃을 넣으면 쌉싸래한 레몬 맛의 풍미가 한층 깊어진다.

잎 | 잎에도 분비샘이 있다. 햇빛에 비춰 보면 가장 잘 보이는데 수백 개의 반투명한 점들이 갑자기 드러난다. 서양고추나물의 잎과 꽃 모두에서 추출물을 얻을 수 있다.

줄기 | 줄기는 붉은빛이 돌며 가장자리가 납작하다. 잎이 자라 나오는 마디마다 줄기는 90도씩 방향을 튼다.

식물학자의 처방

차 | 우울하거나 불안할 때 서양고추나물의 신선한 꽃 2~3작은술을 넣고 우린 차를 규칙적으로 마시면 기분이 나아진다. 캐모마일 꽃이나 꿀을 넣으면 달콤하게 즐길 수 있다. 단, 서양고추나물은 일반적으로 처방되는 경구 피임약을 포함해 많은 약물과 상호 작용을 일으킬 수 있으므로 사용하기 전에 의사와 상담해야 한다.

기본 정보

별칭 | 데빌 체이서(devil chaser)
과명 | 물레나물과(Hypericaceae)
도시 서식지 | 건조하고 햇빛이 많이 드는 곳, 풀밭, 훼손지
높이 | 80cm
개화기 | 5월~8월
용도 | 우울증과 상처, 햇볕 화상 치료, 벌꿀 술 재료
재배 | 봄에 씨를 뿌린다.
수확 | 여름에 꽃을 딴다.

The common people in France and Germany gather it as a certain charm and defence against storms, thunder, and evil spirits

W. Curtis

Hypericum perforatum

HERB ROBERT

제라늄 로베르티아눔

Geranium robertianum

조용하고 그늘진 구석을 좋아하는 제라늄 로베르티아눔은 낮게 자라며 빠르게 지면을 덮고 가끔은 보도블록의 갈라진 틈새에 자리를 잡는다. 깃털 모양의 어두운색 잎들과 함께 여름엔 밝은 분홍색 꽃들이 점점이 피어난다. 가을이 되면 식물 전체가 선홍빛을 띠는 적갈색으로 물든다. 오랫동안 이 식물이 출혈과 코피를 멎게 하고 타박상 치료에 사용되는 등 피와 연관되어온 사실과 잘 어울린다. 허브 로버트herb Robert라는 영어 이름은 8세기의 성인 잘츠부르크의 루퍼트 또는 셰익스피어의 희곡 〈한여름 밤의 꿈〉에 등장하는 로빈 굿펠로장난꾸러기 적갈색 요정 퍽으로 더 유명하다에서 유래했을 거라는 설이 있다. 마침 꽃 피는 시기가 한여름이기도 하다. 하지만 그보다는 라틴어로 빨간색을 뜻하는 루베르ruber에서 유래한 이름일 것으로 짐작된다.

해부학 노트

꽃 | 꽃은 희귀한 줄무늬카펫나방을 비롯해 여러 나방과 나비를 위한 먹이 공급원이다.

잎 | 잎은 샘털로 덮여 있어 특유의 불쾌한 냄새를 내뿜는데, 고무 탄 냄새나 썩은 달걀 냄새가 난다. 코를 찡그리게 하는 이 냄새는 모기를 쫓는 효과가 있다. 벌레 물린 곳에 으깬 잎을 문지르면 가려움증이 가라앉는다. 습포제로 사용하면 출혈과 타박상을 낫게 해준다. 잎을 비롯한 식물체에서 갈색 염료를 얻을 수 있다.

씨앗 | 폭발하듯 터지는 꼬투리에서 씨앗들이 방출되는데, 모체 식물에서 5m 거리까지 퍼진다. 여기저기 제멋대로 퍼져나가 정원에서는 종종 잡초로 간주한다.

식물학자의 처방

구강 청결제 | 제라늄 로베르티아눔으로 만든 가글액은 목구멍 통증을 가라앉힌다. 어린잎 한 움큼을 잘게 잘라 뜨거운 물에 10분 동안 담갔다가 체에 거른다. 우려낸 물을 식혀 하루 세 번 가글에 사용한다. 신선한 잎을 씹어서 같은 효과를 볼 수도 있는데, 맛이 조금 강하다.

기본 정보

별칭 | 스팅키 밥(stinky bob), 데스컴퀴클리(death-come-quickly)

과명 | 쥐손이풀과(Geraniaceae)

도시 서식지 | 그늘진 돌 틈, 생울타리 아래, 황무지, 길가

높이 | 30cm

개화기 | 6월~10월

용도 | 지혈제, 방부제, 항균제, 벌레 퇴치제

재배 | 가을에 씨를 뿌린다.

수확 | 봄에 잎을 딴다.

Geranium robertianum

PLANTAIN

질경이

Plantago major

질경이의 영어 이름은 바나나의 일종인 플랜테인plantain과 같지만, 바나나와는 아무런 관련이 없다. 질경이는 주로 단단하게 다져진 토양을 뚫고 올라오는 넓은 잎 식물이다. 쓰임새 많은 이 식물은 사람의 발길이 닿는 곳이라면 어디든 싹을 올린다. 수상꽃차례로 피어나는 초록 꽃들 주위로 골이 진 잎들이 풍성하게 펼쳐진다. 길가 잡초로 보아 넘기기 십상인데, 실제로는 어마어마한 치유력을 지니고 있다. 특히 출혈을 멎게 하고 조직 재생을 촉진하는 항균제 역할을 톡톡히 한다. 살짝 데친 어린잎은 영양이 풍부한 샐러드로 먹을 수 있으며, 섬유질이 많은 다 자란 잎도 스튜의 재료로 쓸 수 있다. 놀랍게도 응급 처치용으로 먹을 수도 있다.

해부학 노트

씨앗 | 하나의 개체에서 매년 2만 개의 씨앗이 생겨 빠르게 지면을 덮는다. 갈색으로 익은 씨앗은 단백질이 풍부해 빵에 얹어 먹거나 갈아서 밀가루에 첨가하면 좋다.

꽃 | 이삭 모양을 한 수상꽃차례는 아름다움을 뽐내기보다는 기능이 우선이다. 바람에 의해 꽃가루받이가 일어나므로 곤충을 유혹하기 위해 치장할 필요가 없다.

잎 | 상처를 치료하고 가시를 빼내는 습포제뿐 아니라, 벌레에 쏘여 생긴 가려움증을 완화해주는 연고로 만들 수 있다. 차로 우려 마시면 기침에 좋은데, 꿀 한 스푼을 곁들이면 풍미가 더 좋다.

뿌리 | 질경이는 뿌리부터 식물체 끝까지 각종 질병 치료용 비타민과 화합물이 풍부하여 항산화제, 항바이러스제, 당뇨병치료제, 지사제 등으로 쓰일 뿐 아니라, 신체에 활기를 북돋고 심지어 암을 퇴치하는 효능이 있는 것으로 밝혀졌다. 이래도 질경이를 잡초라고 하는 사람이 있을까?

식물학자의 처방

습포제 | 큰 잎을 따서 물로 씻는다. 으깨거나 씹어서 즙을 낸 후 상처에 바르고 붕대나 깨끗한 천 따위로 고정한다. 하루 두 번 상처 부위를 확인하며 아물 때까지 덧바른다.

기본 정보

별칭 | 보통 질경이(common plantain), 큰질경이(greater plantain), 비포장도로 식물(cart-track plant)

과명 | 질경이과(Plantaginaceae)

도시 서식지 | 잦은 통행으로 다져진 길, 도롯가, 훼손지

높이 | 30cm

개화기 | 5월~9월

용도 | 식용, 상처 치료

재배 | 봄에 씨를 뿌린다.

수확 | 이른 봄에 식용 잎을 따고, 치료용 잎은 필요할 때마다 딴다.

참고 | 우리나라 자생식물인 왕질경이(*Plantago major* var. *japonica*)의 원종이다.

Plantago major

SNEEZEWORT

큰톱풀

Achillea ptarmica

짓궂은 장난꾼처럼 큰톱풀은 단추 모양의 하얀색 꽃을 탐스럽게 피워 사람들이 향기를 깊이 들이마시도록 유혹한다. 향기를 맡은 사람은 콧구멍을 벌름거리게 하는 자극을 받아 한바탕 갑작스러운 재채기를 하게 된다. 사실 이런 특성은 코미디보다 의학적으로 유용해서, 옛날에는 큰톱풀을 말려 가루를 내어 재채기를 유도하는 코담배를 만들었다. 톡 쏘는 강한 냄새 때문에 벌레 기피제로도 효과적이다. 또한 상처 치유에도 매우 유용하다. 속명인 아킬레아*Achillea*는 위대한 그리스 전사 아킬레스Achilles에서 유래했다. 아킬레스는 스승인 켄타우로스Centaurus로부터 큰톱풀의 치유력에 대해 들었다. 종명인 프타르미카*ptarmica*는 그리스어로 재채기를 뜻한다.

해부학 노트

꽃 | 신부 들러리를 서는 사람들은 부케 속 큰톱풀이 행복한 삶을 보장해준다고 믿는다. 결혼식 때 재채기를 유발하지만 않는다면 말이다. 꽃은 찬물에 우려 여름철 청량음료로 즐길 수 있다. 꽃등에들은 큰톱풀 꽃의 꿀을 먹기 위해 떼 지어 날아다닌다.

잎 | 17세기와 18세기에는 잎을 말려 가루를 낸 후 재채기를 유발하는 코담배로 만들어 편두통과 위장병 치료에 사용했다. 어린잎을 샐러드에 조금 넣어 쓴맛을 약간 가미할 수도 있다.

뿌리 | 신선한 뿌리를 씹으면 치통을 덜어주고, 뿌리 차는 피로와 두통을 치료한다. 약초학자 니콜라스 컬페퍼는 신선한 뿌리는 '류머티즘을 없애주고' 코와 눈의 분비물을 맑게 해준다고 했다.

식물학자의 처방

벌레 기피제 | 천연 기피제를 만들려면 가정에서 직접 기른 것을 사용하는 게 가장 좋다. 큰톱풀의 꽃과 잎 다발을 잘게 찢어 단지에 넣고, 보드카를 채워 이따금 흔들어주면서 3주 정도 담가놓았다가 체로 걸러 작은 분무기에 넣는다. 향을 내기 위해서 라벤더 오일을 첨가한다. 노출된 피부에 도포하되, 자극에 민감한 경우 작은 부위에 먼저 시험해보고 사용한다.

기본 정보

별칭 | 학사 단추(bachelor's buttons), 바스타드 펠리토리(Bastard pellitory)
과명 | 국화과(Asteraceae)
도시 서식지 | 습하고 질퍽한 땅과 물가
높이 | 60cm
개화기 | 7월~9월
용도 | 벌레 기피제, 재채기 유발용 가루, 치통 완화 연고
재배 | 가을에 씨를 뿌린다.
수확 | 여름에 꽃을 딴다.
참고 | 우리나라 자생식물인 큰톱풀(*Achillea ptarmica* var. *acuminata*)의 원종이다.

Achillea ptarmica

SELFHEAL

꿀풀

Prunella vulgaris

꿀풀은 방치된 초지대에서 벌들이 좋아하는 보라색 꽃을 흐드러지게 피우는데, 그 모습이 마치 화려한 여름 카펫을 깔아놓은 듯하다. 하지만 보기에 좋은 것이 전부가 아니다. 스스로 치료한다self-heal는 뜻의 영어 이름이 말해주듯, 꿀풀의 진정한 가치는 놀라운 치유력에 있다. 지혈제, 항균제, 진정제로서, 상처 치료를 위해 먹거나 바르는 현존 최고의 약초라는 명성을 얻을 만하다. 게다가 꿀풀은 인후염에 좋고, 간을 보호하며, 심지어 항바이러스 성분이 암을 치료하는 데 사용되기도 한다. 이 작은 허브는 가까이에 둘 만큼 아름다우면서도 매우 실용적인 식물이다.

해부학 노트

꽃 | 보통 보라색이지만 이따금 흰색 꽃이 핀다. 꿀벌, 나비, 말벌이 좋아하는 꿀이 풍부하다. 꽃은 마치 입을 약간 벌리고 있는 것처럼 보이는데, 이 때문에 옛날 약초학자들은 구강 질환을 치료하는 데 꿀풀 꽃을 사용하려 했을 가능성이 있다.

잎 | 으깬 잎으로 만든 습포제를 붕대로 고정해두면 출혈을 멎게 하고 상처를 깨끗하게 유지하며 치유를 촉진할 수 있다. 연한 잎은 샐러드로 먹거나, 시원한 물에 넣어 상쾌한 초록의 풍미를 더할 수 있다.

줄기 | 줄기와 꽃에서 올리브그린 색상 염료를 추출할 수 있다.

식물학자의 처방

구강 청결제 | 인후통, 구강 염증이 있을 때, 또는 일반적인 구강 청결제로 하루 두 번 사용한다. 신선한 꿀풀을 사용해도 되고, 여름에 수확한 식물체를 말려 연중 사용해도 된다. 끓는 물 250mL에 꽃과 잎 2큰술을 넣고 10분 동안 끓인다. 잘 식힌 다음 체에 걸러 냉장고에 넣어두고 사용한다. 냉장 보관은 3일 이내로 하고, 조각 얼음으로 얼려두었다가 필요에 따라 녹여 먹어도 된다.

기본 정보

별칭 | 힐올(heal-all), 운드워트(woundwort)
과명 | 꿀풀과(Lamiaceae)
도시 서식지 | 풀이 많은 공원, 도로변, 길가와 잔디밭
높이 | 30cm
개화기 | 7월~9월
용도 | 상처 치료, 약, 잎을 식용한다.
재배 | 봄에 씨를 뿌린다.
수확 | 잎은 상처 치료에 필요한 만큼 수시로 딸 수 있다. 여름에 식물체 전체를 수확하여 말린다.
참고 | 우리나라 자생식물인 꿀풀(*Prunella vulgaris* subsp. *asiatica*)의 원종이다.

Prunella vulgaris

이 책을 기획한 사람들

헬레나 도브Hélèna Dove는 큐 왕립 식물원에서 키친 가든Kitchen Garden을 관리한다. 주말농장에서 주로 기르는 채소 종류부터 좀 더 색다른 먹거리까지 많은 식물을 재배한다. 우리 주변에 자라는 식물을 이용하여 일상생활에 도움을 얻을 수 있다고 굳게 믿는 사람이다. 지은 책으로 《큐 가드너의 채소 재배 가이드*The Kew Gardener's Guide to Growing Vegetables*》가 있다.

해리 아데스Harry Adès는 《런던 녹지 가이드*An Opinionated Guide to London Green Spaces*》와 《런던 동부 야생 동물 필드 가이드*A Field Guide to East London Wildlife*》 등 많은 책을 썼다. 그보다 훨씬 더 재능 있는 가드너인 두 자녀, 그의 유일한 장미 덤불 꽃을 먹는 고양이들과 함께 살고 있다.

큐 왕립 식물원은 세계적으로 유명한 연구 기관이며 국제적으로 수많은 방문객이 찾는 명소다. 과학의 힘과 정원의 다양성, 풍부한 소장 식물을 활용해 식물과 균류가 우리 모두에게 왜 중요한지 밝혀내는 임무를 수행하고 있다.

18세기 주요 후원자들

Her Grace the Duchess Dowager of Athol, near Farnham, Surrey
Mr Stanesby Alchorne, Tower
Mr Thomas Armiger, Surgeon, Old Fish Street
Mr John Aikin, Surgeon, Warrington
Captain Anningson
The Right Honourable the Earl of Bute, South Audley Street
Sir Joseph Banks, Bart, Soho Square
Sir Lambert Blackwell, Bart. Enfield
Mr Uriah Bristow, Apothecary, Clerkenwell Square
Rev Richard Bluck, Cambridge
Edmund Bott, Esq, Hampshire
John Baker, Esq, Princes Street, Spitalfields
Rev Mr Bagshaw, Bromley, Kent
Rev Nicholas Bacon, Coddenham, Suffolk
Mr William Bent, Clerkenwell
Mrs Brown, Norwich
Mr George Hollington Barker, Attorney, Birmingham
The Right Honourable the Earl of Clanbrassil
Mr Charles Combe, Apothecary, Bloomsbury Square
Mr Loftus Clifford, Surgeon, Mansfield, Nottinghamshire
The Honourable Baron T. Dimsdale
Mr Downing, Surgeon, Clapton
Mr Philip Deck, Bookseller
Dr Dalling, Derby
Mrs Egerton, Oulton Park, Cheshire
Mr Field, Apothecary, Newgate Street
Mr William Fothergill, Yorkshire
Mr Francis Freshfield, Colchester
Mr William Fowle, Apothecary, Red Lion Square
Major Ferrand
Honourable Mr Greville
Captain Gossip
Right Honourable Lord Howe, Grafton Street
Lady Harris, Finchley
Mr Thomas Home, Peckham
Mr W. Henry Higden, Manchester Buildings, Westminster
Rev Robert Harpur, British Museum
Dr Hairby, Spilsby, Lincolnshire
Leonard Troughear Holmes, Esq, Isle of Wight
Right Honourable Lady King, Dover Street, Piccadilly
Right Honourable Lord Loughborough, Lincolns Inn Fields
Rev John Lightfoot, Uxbridge
Abraham Ludlow, M. D. Bristol
Mr Charles Lightfoot, Surgeon, Whitby
Right Honourable the Earl of Marchmont, Mayfair
Right Honourable James Stewart Mackenzie
Sir William Musgrave, Bart, Arlington Street, Piccadilly
Edward Mussenden, Esq
Rev Mr Mills, Norbury, Derbyshire
Captain Manly, Woolwich
Major Morgan, Litchfield
His Grace the Duke of Northumberland
Right Honourable the Earl of Northington
Dr William Newcome, Bishop of Waterford
Mr Robert R. Newel, Surgeon, Colchester
Mr Nisbett, Surgeon, Great Marlborough Street
Her Grace the Duchess Dowager of Portland, Privy Gardens
Right Honourable the Earl of Plymouth, Bruton Street
Honourable Mrs Pitt, Arlington Street
Sir James Pennyman, Bart. Park Street, Westminster
Mrs Petit, Great Marlborough Street
Mr Giles Powell, Apothecary, South Audley-ftreet
Major Thomas Pearson
Peachy, Esq, Wimpole Street
Thomas Ruggles, Esq, Cobham, Surry
Cornelius Rodes, Esq, Barlborough Hall

21세기 후원자들

Timothy and Dawn Adès
Fiona Ainsworth
Susan Malberg Albertsen
Sue Albrow
Wendy Alders
Megan Amis
Glenn (Boris) Anderson
Susan Andrews
Ursula Armstrong
Josefin Arneskog
A. Jane Asser
Frank Avocado
Stefanie Bacchi-Andreoli
Patricia Backley
Professor Matthew Bailey
Sophie McKenzie Baker
Jennifer Barnaby
Carroll Barry-Walsh
Connie Barton
Chiara Ugo Baudino
Andrew, Laura and Raphael Beaumont
Simon Beckerman
Laurence Benkhabeb-House
Keith Beven
Jo Bewick
Cornelie de Blécourt
Eleonore de Bonneval
Fiona and Gordon Bow
Jessica Botwright
Kirsten Bradbury
Oscar Brewer
Rob Bridgett
Emilie Broquet
Victoria Brown
Henry Perkins Brown
Jane Brown
Gillian Buckingham
Nick and Robin Bumstead
Valerie and Eric Bumstead
Liangyin Bunsness
Clare Burgess
W. Steven Burke
Sarah Burns
Sue Buss
Kimberly Cameron
Jan and Nathan Cameron
Matthew Caville
Ya-Heng (Judy) Chen
Yulien Chen
Zara Chivers
Paul David Clare
Tim Clements
Jude Clements
Eleanor Coate
Christopher Cockel
Neil P. Confrey
Rory Cooper
Oliver Copeland
Andrew James Cottrell
Haley Cassidy Crocker
Pauline Crogan
Jonathan Crown
Erica Cruse-Jungling
Karen Curzon
Angie Curbill
Rachel Dalton
Heather Deacon
Corinna Isabella and Luigi Del Debbio
Michael Diebold
Eileen Dobson
Helen Dodd
Don and Nick
Derek Dove
Gillian Dove
Annabel and Crispin Downs
Angela Drinkall
Marc Dubois
Roger Duckworth
Susan Dulcie
Liss and Theo Duncan
Knut Engelbrecht
Chiara Faliva
Clarky and Everly Fenn
Heather P. Figueiredo
Sue Grayson Ford
Tom Ford and Jessica Lazar
John Francis
Natasha Frootko
Deborah Frost
Kiyomi Fujii
Gina Fullerlove
Andrew Fullerton
Julia Fullerton
Verity Fullerton-Smith
Jason Gallimore
Eleanor Gavienas
Matt Gleeson
Alice L. Gleeson
Gina Glover
Sally Godstone
Jarnie Godwin
Kate and Pedro Gomes
Lotte Good
Jane Goodall
Nancy Goodwin
Penelope Gresford
Lucy Grey
Vic Grimshaw
Luisa Hailes
Tom Handley
Alastair Hanson
Elisabeth Henn-Carlson
Emerson Grier Hilliard
Liz Hingley
Adam Hinton
Greg Hitchcock
Helen Dorothy Hodge
Giles Hopgood
Rita Hostler
Elizabeth Ingham
Doug Irvine
Flora Ito
Matt Jackson
Sue Jackson
Nicholas Jackson
James
Lisa Johnson
Jane Johnson
Alison Jones
Joshua A. Jones

Dev Joshi
Jeremy Julian
Juho Kajava
Sarah Keegan
Geoff Keene
Torsten Kerler
Ayesha Khan
Emily King
Boguslawa Kowalski
Barbara Krengel
Tingyi Lai & Gueorgui Tcherednitchenko
Françoise Lardet-Veve
Caroline and Michael Lazar
Loveday Lewthwaite
Amanda Lind
Kate Linden
Jo Longhurst
Lois Lovedee
Barbara Mackinder
Andrew Macnaughton
Eula Malenfant
Ellen Louise Manchester
Marcus Marquardt
Sharon McAllister
Tarin McAllister
Kristine McCarthy
Don McConnell
Graham McClelland
Jill McGregor
Sandy McKinnon
James McLaren
Caroline McNulty
Margaret Mee
Jane Mehta
Maren Chumley Michel
Molly Miller-Petrie
Alvaro Carmena Montalvo
Alison Morgan
Kate Rose Morley
Gemma Moss
Paulina Mustafa
Michelle Mylonas
May Nel
Marion Obar
Ben Oliver
Setsuko Ono
Emily Oram
Melissa O'Shaughnessy
Lauriann Owens
Robin Panrucker
Sarah Parrish
Joe Parry
Matthew Peck
Karen Pelham
Matteo Perez
Caille Peri
Dr David Phillips
Rob Phillips
Maggie Pinhorn
Elin Pinnell
Joanne Poulton
Jackie Power
David Praill
Pamela Preene
Megan Prudden
Nuala Quirk
Simon Reece and Wayne Wreford
David J. Rees
Stefanie Reichelt
Fanny Rico
David Rix
Martyn Rix
Shell Roach
Jenifer Roberts
Joanne Roberts
Gary Robinson
Lynn Marie Robinson
Simon Robinson
Todd Riddiough Robinson
Diana Margot Rosenthal
Kay Rossiter-Base
Polly Ruffman
Anna K. Sagal
Jo and Ben Samuel
Heather and John Samuel
Neil and Viv Sanders
Nina Marie de Sanders
Nicky Sandford-Richardson
Lisa Saper
Carol Sargent
Laura Sbrizzi
Catriona Scott
Julia Seavill
Camila Simas
Catherine Simmonds
Nigel Simmonds
Vanessa Simpson
Joe Skade
Paul Smith
Haein Song
Joanne Spiller
Lawrence Spivack
Shannon Spurlock
Claire Stanley
Lorraine Stevenson
Val Stevenson
Joanne Stovell
Iain Sturch
Mark Symons
Richard Taylor
Rosemary Taylor
Jonathan J.N. Taylor
Olivia Temple
Gareth Tennant
Herlinde Tiefenbrunner
Gem Toes-Crichton
Steev A. Toth
Johanna Trew
Beatrice, Marie and Evelyn Turrettini
Sam Vale
Jantiene T. Klein Roseboom van der Veer (Trustee of RBG Kew)
Susanna Venables
Diana Wackerbarth
Lois and Michael Waldvogel
Michael Waller
Frances E. Watson
Susan Waugh
Diana Westlake
Matthew Westley
Lydia White
Ben Whitehurst
Steve Whorton
Brett William
Sam Winston
Kristen Wontorra
Robert Wood
Eoin Woods
Bonnie Etta Wootton
Wayne Worden
Katie Wright
Sophie Wright
Jodie Yates
Adele Yearsley
Malinda Yu

찾아보기

옮긴이 | 박원순

서울대학교 원예학과를 졸업하고 출판사에서 편집기획자로 일하다가 제주 여미지식물원에서 전문 가드너의 길로 들어섰다. 세계적으로 유명한 미국 롱우드가든에서 '국제 가드너 양성 과정'을 밟았고, 델라웨어대학교 롱우드 대학원 프로그램을 이수하여 대중원예 석사학위를 받았다. 귀국 후 에버랜드에서 꽃축제 기획 및 식물 전시 연출 전문가로 일하다가 현재는 국립세종수목원 전시기획실장으로 재직 중이다. 지은 책으로는《나는 가드너입니다》,《식물의 위로》,《미국 정원의 발견》,《가드너의 일》이 있고, 옮긴 책으로는《식물: 대백과사전》,《가드닝: 정원의 역사》,《날마다 꽃 한 송이》 등이 있다.

THE BOTANICAL CITY

식물의 도시

초판 인쇄 2023년5월15일
초판 발행 2023년5월25일

글 헬레나 도브, 해리 아데스
그림 《런던 식물상》에서 발췌
옮긴이 박원순
펴낸이 진영희
펴낸곳 (주)터치아트
출판등록 2005년 8월 4일 제396-2006-00063호
주소 10403 경기도 고양시 일산동구 백마로 223, 630호
전화번호 031-905-9435 팩스 031-907-9438
전자우편 touchart@naver.com

ISBN 979-11-87936-54-1 03480